忍经

〔元〕 吴亮◎编著

东篱子◎解译

全鉴

中国纺织出版社有限公司

国家一级出版社
全国百佳图书出版单位

内 容 提 要

《忍经》向人们展示了为人处世的隐忍之道。全书收录了自先秦至宋代有关隐忍的故事和言论，时间跨度很长，颇有通史的气魄，能够让读者展卷之间，纵览历史上的忍者面貌。阅读此书，不仅能让读者领悟"忍"的含义、掌握"忍"的谋略，而且能让读者的心境豁然大开，变得更明达、聪慧，理智地洞察与处理世事，从而事业有成，成就博大人生。

图书在版编目（CIP）数据

忍经全鉴 /（元）吴亮编著；东篱子解译 . -- 北京：
中国纺织出版社有限公司，2020.5
ISBN 978-7-5180-7249-1

Ⅰ.①忍… Ⅱ.①吴… ②东… Ⅲ.①个人－道德修养－中国－元代 Ⅳ.① B825

中国版本图书馆 CIP 数据核字（2020）第 049816 号

责任编辑：段子君　责任校对：王花妮　责任印制：储志伟

中国纺织出版社有限公司出版发行
地址：北京市朝阳区百子湾东里A407号楼　邮政编码：100124
销售电话：010—67004422　传真：010—87155801
http://www.c-textilep.com
中国纺织出版社天猫旗舰店
官方微博 http://weibo.com/2119887771
佳兴达印刷（天津）有限公司印刷　各地新华书店经销
2020年5月第1版第1次印刷
开本：710×1000　1/16　印张：20
字数：249千字　定价：48.00元

在日常生活中，我们经常会看到或遇到一些人因为一点小事而大发其火、暴跳如雷；而有些人哪怕是遇到对自己很不公道的事，也会默默地忍受着……同样是人，为什么有的人会颐指气使，而有的人则默默忍受……因为在有些人看来，忍耐是迈向成功之路的必经之路，是一个成功者必备的素质，所以越王勾践能"卧薪尝胆"，韩信能忍"胯下之辱"，刘备在种菜浇园中能用"韬晦之计"……学会忍耐，我们便有希望看到成功的曙光；学会忍耐，我们就理解了奋斗的意义。一个人的可贵之处在于"宠辱不惊"的品质培养。"得意忘形"者往往奉行"今朝有酒今朝醉"的人生哲学，他们看重的是权力和地位，一时得势，就会"小人得志便张狂"。这样的人，只能使自己的理想和抱负毁灭在自我陶醉中，只能为自己留下千古遗恨，只能被历史所淘汰。

我们说忍耐不是懦弱，不是逃避，更不是无能；忍耐是一种痛苦的磨炼，是对成功的渴望，是对自我的挑战，也是对自己意志力的锤炼。"忍"的行为是自然规律的一种，正如《左传·宣公十五年》所云："高下在心，川泽纳污，山薮藏疾，瑾瑜匿瑕。国君含垢，天之道也。"一个人在道德上如果缺少了"忍"字，那么道德是很难完整的，而良好的品性是以"忍"字的个人修身养性的哲理为指导才能拥有的。

《忍经》向人们展示了为人处世的隐忍之道。全书收录了自先秦至宋代 173 条有关隐忍的故事和言论，时间跨度很长，颇有通史的气魄，能够让读者展卷之间，纵览历史上的忍者面貌。本书对原著进行了通俗的注释和翻译，并对较为生僻的字进行注音，给读者提供了一本通俗易懂的读物，不仅能让读者领悟"忍"的含义，掌握"忍"的谋略，而且能让读者的心境豁然大开，变得更明达、聪慧，理智地洞察与处理世事，从而使人生更加顺畅。

解译者
2019 年 10 月

目录

自 序

【原典】

忍乃胸中博闳①之器局，为仁者事也，惟宽恕二字能行之。颜子云"犯而不校"②，《书》云"有容德乃大"③，皆忍之谓也。韩信忍于胯下④，卒受登坛之拜⑤；张良忍于取履⑥，终有封侯之荣。忍之为义⑦，大矣。惟其能忍，则有涵养定力，触来无竞⑧，事过而化，一以宽恕行之。当官以暴怒为戒，居家以谦和自持⑨。暴慢不萌其心⑩，是非不形于人。好善忘势⑪，方便存心⑫，行之纯熟，可日践于无过之地，去⑬圣贤又何远哉！苟或不然，任喜怒，分爱憎，捃拾⑭人非，动峻辞色。干以非意者⑮，未必能以理遣⑯；遇于仓卒⑰者，未必不入气胜。不失之褊浅，则失之躁急，自处不暇，何暇治事？将恐众怨丛身，咎莫大焉！其视吕蒙正之不问姓名⑱，张公艺⑲九世同居，宁不愧耶？愚因暇类集经史语句，名曰《忍经》。凡我同志⑳一寓目间，有能由宽恕而充此忍，由忍而至于仁，岂小补哉！

大德十年丙午闰月朔古杭蟾心吴亮序。

【注释】

①博闳（hóng）：广博宏大。器局：器量，气度。②颜子：颜回，字子渊，春秋时期鲁国人，孔门弟子，孔子最得意的学生。犯而不校：被人冒犯了却不去计较。③《书》：《尚书》，又称《书》《书经》，

是一部多体裁文献的汇编，长期被认为是中国现存最早的史书。该书分为《虞书》《夏书》《商书》《周书》。战国时期总称《书》，汉代改称《尚书》，即"上古之书"。有容德乃大：出自《尚书·君陈》："尔无忿疾于顽，无求备于一夫，必有忍，其乃有济；有容，德乃大。"大意是唯有能够包容的人才能称得上品德修养高。④韩信：淮阴（今江苏淮安）人，西汉开国元勋，与张良、萧何并称为"汉初三杰"。忍于胯下：指韩信早年佩剑过市，被无赖少年所辱，韩信为避免冲突，从其胯下钻过。此事详见后文之"出胯下"。⑤登坛之拜：指汉高祖刘邦筑将坛隆重地任命韩信为大将军。⑥张良：祖上为战国时期韩国的贵族，西汉开国元勋，与韩信、萧何并称为"汉初三杰"。取履：替老者捡掉到桥下的鞋子。此事详见后文之"圯上取履"。⑦忍之为义：忍字中包含的道理。⑧触来无竞：受到触犯不予争论。⑨自持：自我克制。⑩暴慢：暴怒怠慢。萌：生发。⑪忘势：忘记身份权势。⑫方便存心：心中时刻想着与人便利。⑬去：距离。⑭捃（jùn）拾：收集。⑮干以非意：受到他人意外的冒犯。干，触犯，冒犯。⑯遣：处理，对待。⑰遇于仓卒：在仓促之间发生的事情。⑱吕蒙正：字圣功，河南洛阳人，北宋名相。不问姓名：指吕蒙正出任参政的时候，被某同僚背后指责，但他没有去查询具体何人。此事详见后文之"佯为不闻"。⑲张公艺：唐代人。此事详见后文之"九世同居"。⑳同志：志同道合之人。

【译文】

"忍"是一个人心胸博大宽宏的大度的呈现，是仁者才能够做到的，只有宽容、恕谅这两个词才能真正去践行"忍"。颜回说："别人冒犯自己，不要去计较。"《尚书》上记载说："能够包容的人，才有高尚的品德。"这都是说的"忍"的意思。韩信忍受了胯下之辱，最后得到汉高祖刘邦的登坛拜将；张良忍住了怒气帮黄石公拾回草鞋，后来享受了封侯的荣耀。忍的这种道义真是宽宏博大啊！只有能忍的人才具有深厚的涵养和坚固的定力，才能做到对别人的冒犯不去争执，事情了结之后就让它消失掉，以宽容恕谅的心态对待所有那些冒犯自己的人和事。当官应该力戒暴怒，持家就应该做到谦虚和气。暴怒轻慢不在心中产生，是非对错不要表现在脸上。乐于行善而不仗势欺人，心中时时想着为别人提供便利，将这些做得熟练之后，就可以每天处在没有过错的境界，这样的人距离圣贤也就不远了！如果不是这样，随意放纵自己喜怒哀乐的情绪，随意表现得爱憎分明，刻意收集别人的过错，动不动就大发脾气示人脸色。倘若有没预料到的因素来干扰，不一定能做到按照道理来处理；对于突然发生的事情，不一定能做到不感情冲动意气用事。如果这样的话，不是因狭隘浅薄而出现偏差，就是因急躁慌乱而出现失误。如果这样的话，调理好自己的麻烦事情都没工夫，哪里还有空闲处理事务呢？恐怕将来各种怨气要像草丛一样积聚于身，到那时候危险就大了！看吕蒙正善于与同事相处，不问冒犯者的姓名；张公艺善于治家和亲，九代人居住在一起，相比之下能不感到惭愧吗？我在空闲的时间，搜集了经书和史书上的语句，把它叫作《忍经》。我的朋友们，在看过此书之后，如果有人能由宽恕发展到这种忍，由忍再发展到仁，那么此书所发挥的作用，难道还算小吗？

元大德十年（1306）丙午闰月朔古杭蟾心吴亮序。

【延伸阅读】

白居易曾作《中隐诗》说："大隐住市朝，小隐入丘樊。丘樊太冷落，朝市太嚣喧。不如作中隐，隐在留司官。似出复似处，非忙亦非闲。不劳心与力，又免饥与寒。终岁无公事，随月有俸钱。"这就是俗话说"小隐隐于野，中隐隐于市，大隐隐于朝"，描述的是古代隐士的高下之分，其实"忍"也有大小之别。在遇到他人的冒犯之时，强行

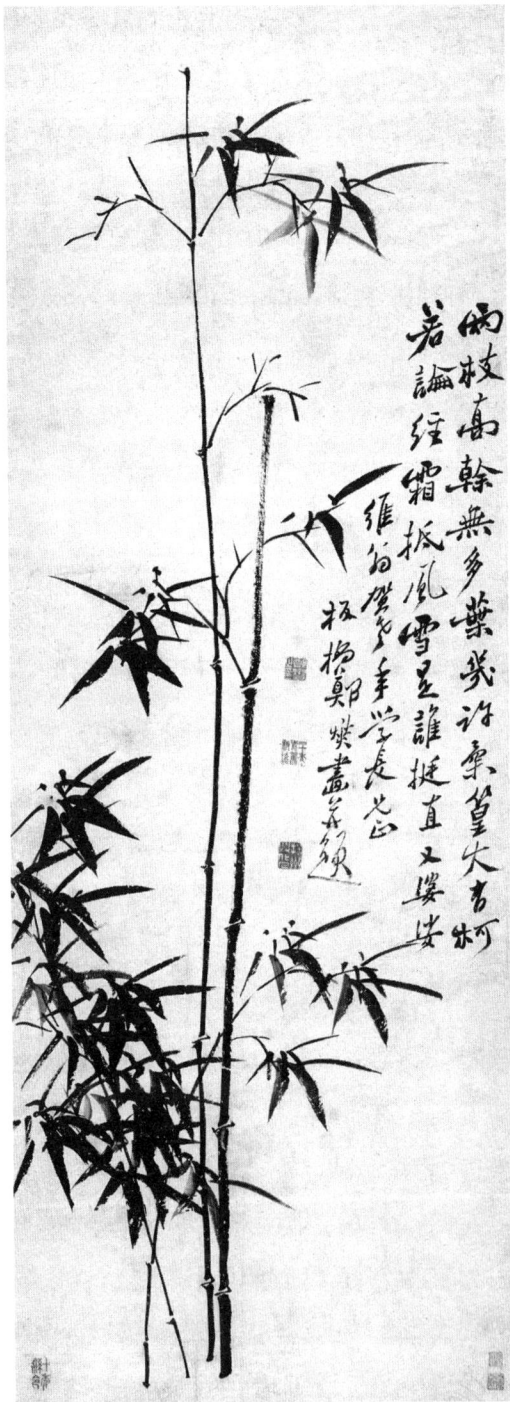

压下怒火，这是小忍；遇到他人的冒犯，一直能够不起冲突，这是中忍；只有那些视他人的冒犯为生活本色而安之若素的人，才称得上是大忍。或许正是出于这样的考虑，所以吴亮一开篇便说"忍乃胸中博闳之器局，为仁者事也"。而"仁"是儒家最推崇的境界，即便孔子也谦虚地说自己"仁，则吾不知也"，可见"仁"之难能。也许正是因为"忍"能够到达这样的高度，所以它才能够被吴亮尊之为"经"。当然吴亮视"忍"为经未免有夸大之嫌，但其初衷或许不过是要突出"忍"的重要意义。毕竟对很多人来说，因为不能忍已经损失了很多，或许吴亮本人就是此中的受害者呢？"忍"很重要，并不是因为"忍"很深刻难懂。事实上"忍"并非高深的理论，而不过是如同很多真理一样简单明了，正如

《周易》所说的"乾以易知，坤以简能""百姓日用而不知"(《周易·系辞上》)。但是很多人却不能够认真践行，这就使得生活中因"不能忍"而发生的悲剧不断重演。所以对于"忍经"而言，除了要加深对"忍"的理性认识之外，更重要的问题，或许还在于告诉世人应该如何去"忍"。吴亮正是这样做的，他总结了两个字的"宽恕"忍字诀，认为"惟宽恕二字能行之"。他还描绘了一条清晰演进的路线，即"由宽恕而充此忍，由忍而至于仁"。孔子也说过到达"仁"的途径，他说："能行五者于天下，为仁矣。……恭、宽、信、敏、惠。恭则不侮，宽则得众，信则人任焉，敏则有功，惠则足以使人。"(《论语·阳货》)我们看到，"宽"正是"五者"之一。将"忍"等同于"仁"，当然是吴亮的期望或者是野心，因为对于很多人来说，"忍"不过是一种达到目标的手段。但恰恰是这一点的差别，却使得很多人最终还是不能真正做到"忍"，而始终不免为不忍所困、不忍所苦。从这样的意义上说，吴亮的视忍为经、视忍为仁，或许才是解决上述困境的最便捷、最有效的方法。

【原典】

《易·损卦》① 云："君子以惩忿窒欲② 。"

【注释】

①《易》：《周易》又称《易》《易经》。最初用于占卜决疑，后为学者阐释而多哲理。庄子说"易以道阴阳"，司马迁说"易以道化"。《周易》的成书时间与作者，至今仍然莫衷一是。学者们大体上认为《周易》是历代多人不断加工整理而成的，是集体智慧的结晶。其内容包含经和传两个部分，《易经》大约产生于周初，《易传》一般认为作于战国时期。②惩忿窒欲：《周易》损卦之《象辞》："山下有泽，损；君子以惩忿窒欲。"谓克制愤怒，控制情欲。

【译文】

《易经·损卦》说："君子自己抑制愤怒，控制情欲。"

【延伸阅读】

古人曰："小不忍则乱大谋。"忍是很重要的一个字，因为在任何时间、任何场合，都有可能出现不如意的情况，有些问题无法解决，有些问题无法很快解决，更有些问题不是自己能力所能及地解决，所以只能忍！不能忍者，往往会自毁前程，失去长远的利益。

三国时期，刘备自从得到了军师诸葛亮之后，一直都是听从诸葛亮的安排来行军打仗，但是最后一仗，他却没有听从诸葛亮的劝告，因为他要给关羽一个施展才华的机会。关羽在麦城被孙权设计俘虏之后，孙权因为爱关羽的才德，劝他投降。但关羽两眼圆睁，厉声大骂。孙权考虑到这种不肯降服的人才，留着将来必成大患，于是叫人将关羽父子推出斩首。消息传到成都，刘备大叫一声，昏倒在地。刘备从此不吃不喝，每天只是痛哭不止，发誓要引兵为关羽报仇。

刘备称帝之后，便要兴兵攻吴为关羽报仇。赵云劝刘备以天下为重不要出兵，刘备不听。诸葛亮也率领百官苦苦相劝，刘备心中有一些动摇，然而这个时候，张飞从阆中赶来，哭着要刘备为关羽报仇，刘备听了张飞的话，决心进攻东吴。张飞报仇心切，鞭打了范疆、张达这两人。范疆、张达两人怀恨在心，当天晚上，两人见张飞酒醉未醒，于是杀了张飞，连夜投奔东吴去了。

刘备得知张飞遇害，哭得天昏地暗，发誓要替张飞和关羽报仇。被仇恨冲昏头脑的刘备再也听不进任何人的劝阻，于是十分意气用事地率领大军进攻东吴去了。

战争初期，蜀汉军队节节胜利，东吴军队节节败退。傅士仁、糜芳见刘备势大，便杀了马忠投奔刘备。刘备将马忠的头祭在关羽灵位前，又将傅士仁、糜芳两人刀剐祭灵。孙权见蜀军锐不可当，便将张飞首级和范疆、张达送还刘备，请求刘备停战。

刘备将范、张两人刀剐于张飞灵前，却不愿停战。这时大将阚泽以全家性命作保向孙权推荐陆逊领兵抵抗刘备。

蜀军天天在城门前叫骂，但吴军就是坚守不战。由于天气炎热，刘备便令人将营寨移入林中荫凉处。刘备让吴班到关前诱敌，军士赤身卧在阵前。吴将徐盛、丁奉要求出战，陆逊不准，说"这是诱敌之计，三日后可见分晓"，三日后陆逊领众将到关上观望，见吴班的兵已经离去，刘备伏兵正走出谷口，众将这才心服口服。刘备又让水军顺江而下，在东吴境内沿江扎寨。陆逊见时机成熟，便点将出兵。初更时分，大刮东南风，蜀营到处起火，蜀军自相践踏，死伤无数。结果东吴军队大破蜀军。刘备逃往白帝城，最后郁郁而终。

所以，做人一定要冷静，尤其是在情绪激动的时候，千万不要妄自行动，否则就会走进敌人设计好的陷阱。

很多时候很多事情都不能只看事情表面，应该换个角度想一想，不要因为一时的情绪而蒙混了视听，也不要因为蒙混了视听而作冲动的行为，否则，到时候后悔都来不及！

【原典】

《书》周公戒周王①曰："小人怨汝詈汝，则皇自敬德。"又曰："不啻不敢含怒。"又曰："宽绰其心。"② 成王告君陈曰："必有忍，其乃有济；有容，德乃大。"③

【注释】

①周公：姓姬名旦，亦称叔旦，周文王姬昌第四子。因封地在周（今陕西岐山北），故称周公或周公旦。为西周初期杰出的政治家、军事家和思想家，相传为礼乐文明的制造者，孔子一生最崇敬的古代圣人之一。周王：周成王，姓姬名诵，西周第二代君主。继位时年幼，

由周公旦辅政。周成王亲政后，营造新都洛邑、大封诸侯，还命周公东征、编写礼乐，加强了西周王朝的统治。周成王与其子周康王统治期间，社会安定、百姓和睦，被誉为"成康之治"。②"小人怨汝"几句：出自《尚书·无逸》。周公曰："呜呼！自殷王中宗，及高宗，及祖甲，及我周文王，兹四人迪哲。厥或告之曰：'小人怨汝詈汝。'则皇自敬德。厥愆，曰：'朕之愆！'允若时，不啻不敢含怒。此厥不听，人乃或诪张为幻，曰：'小人怨汝詈汝。'则信之，则若时，不永念厥辟，不宽绰厥心，乱罚无罪，杀无辜，怨有同，是丛于厥身！"詈（lì），骂，责骂。汝，你。皇自，更加，益发。"皇自"或作"兄曰"。③"成王告君陈"几句：出自《尚书·君陈》："尔无忿疾于顽，无求备于一夫，必有忍，其乃有济；有容，德乃大。"君陈，一说为周朝大臣，一说为周公旦的儿子。必有忍，只有忍耐。济，成事。容，宽容。大，高尚。

【译文】

《尚书》载周公告诫周成王说："小人怨恨你，骂你，则自己应当感到惶恐，并加强修养，不要去计较他们。"又说："不只是不敢发怒。"又说："是放宽自己的心胸。"周成王告诫君陈说："必须有忍性，事情才能办成功；有宽容的度量，道德才能高尚。"

【原典】

《左传》[1]宣公十五年：谚曰："高下在心。"川泽纳污，山薮[2]藏疾，瑾瑜[3]匿瑕，国君含垢[4]，天之道[5]也。

昭公元年："鲁以相忍为国[6]也。"

哀公二十七年：知伯入南里，门，谓赵孟："入之。"对曰："主在此。"知伯曰："恶而无勇，何以为子？"对曰："以能忍耻，庶无害赵宗乎？"[7]

楚庄王伐郑，郑伯肉袒牵羊以迎。庄王曰："其君能下人，必能信用其民矣。"⑧

《左传》："一惭不忍，而终身惭乎⑨？"

【注释】

①《左传》：全称《春秋左氏传》，又名《左氏春秋》，作者历来认为是左丘明，生活的时间或早于孔子，但后世颇多争议。《左传》与《公羊传》《穀梁传》合称"《春秋》三传"，被认为是解释《春秋》经文的传注之作。全书以鲁国十二位国君为线，按编年的体例，叙述了春秋二百四十多年的历史。该书虽然是历史著作，但"情韵并美，文采照耀。"（清刘大櫆《论文偶记》），算是先秦时期最具文学色彩的典籍之一。②薮（sǒu）：生长着很多草的湖泽。③瑾瑜：美玉。④含垢：忍受屈辱。⑤天之道：自然的规律。⑥鲁：鲁国。为国：立国。⑦"知伯入南里"几句：原文如下：知伯入南里，门于桔柣之门。郑人俘酅魁垒，略之以知政，闭其口而死。将门，知伯谓赵孟："入之。"对曰："主在此。"知伯曰："恶而无勇，何以为子？"对曰："以能忍耻，庶无害赵宗乎？"知伯，姓姬，智氏，讳瑶，谥号襄，其名知瑶，亦为荀瑶，时人尊称知伯，史称知襄子。晋国荀氏家族的终结者，他的战败直接导致三家分晋的历史格局。赵孟，赵无恤（？—前425），一作赵毋恤，赵鞅（赵简子）长子，春秋战国之际晋国赵氏的封君。卒谥襄，史称赵襄子。主，谓知伯。恶，相貌丑陋。为子，立为宗子。庶，希望。赵宗，赵氏家族。⑧"楚庄王伐郑"几句：此事出自《左传》宣公十二年。楚庄王（？—前591），姓芈，熊氏，名侣，谥号庄。楚穆王之子，春秋时期楚国最有成就的君主，春秋五霸之一。肉袒牵羊，示服为臣仆。肉袒，脱去上衣，裸露肢体。下人，屈身于他人之下。信用其民，取信于民，民甘为所用。⑨"一惭"二句：此语出自《左传》昭公三十一年。一惭不忍，不能忍受一次屈辱。

【译文】

《左传·宣公十五年》：谚语说："个人的屈伸，完全是由心里决定的。"河流和沼泽容纳着污泥，山林和草丛中藏着祸患，美玉中隐匿着瑕疵，君王忍受一些耻辱，这是自然的规律。

《左传·昭公元年》："鲁国以相互忍让来治理国家。"

《左传·哀公二十七年》：知伯进了南里，将要攻打郑国城门，叫赵孟"攻进去"。赵孟对他说："主公您在这里（臣不敢先攻进去）。"知伯说："你长得丑陋而且缺乏勇气，怎么可能会被立为宗子呢？"赵孟回答说："我能够忍受屈辱，你的耻笑对我们赵家有什么危害呢？"

《左传·宣公十二年》：楚庄王率兵攻打郑国，郑国君王袒露着肩膀牵着羊来迎接楚国的军队。楚庄王说："郑国的君王能够忍受别人的侮辱，也一定能为他的国人所信奉并愿意为他效命。"

《左传·昭公三十一年》："不愿忍受一次羞辱，而使自己惭愧一辈子吗？"

【原典】

《论语》①孔子曰："小不忍，则乱大谋②。"

又曰："一朝之忿，忘其身以及其亲，非惑欤③？"

又曰："君子无所争④。"

又曰："君子矜而不争⑤。"

颜子犯而不校⑥。

戒子路⑦曰："齿刚则折，舌柔则存。柔必胜刚，弱必胜强。好斗必伤，好勇必亡。百行之本，忍之为上。"

【注释】

①《论语》：该书由孔子的弟子及其再传弟子编撰而成，是儒家的经典著作之一。它以语录和对话文的形式，记录了孔子及其弟子的言

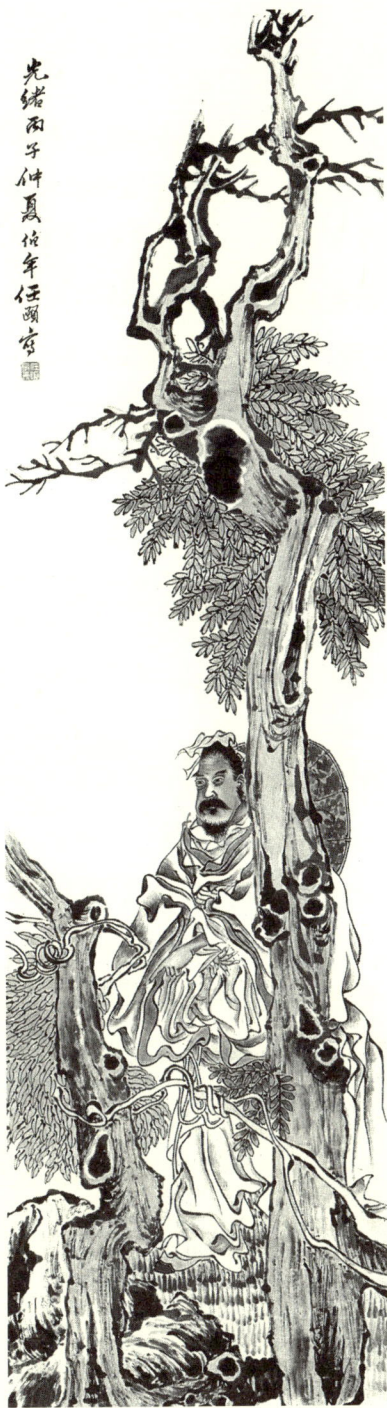

行，集中体现了孔子的政治主张、伦理思想、道德观念及教育原则等。②"小不忍"二句：出自《论语·卫灵公》。小不忍，不能忍受小事情。乱大谋，败坏大事情。③"一朝"三句：出自《论语·颜渊》。一朝之忿，一时的气愤。非惑欤（yú），难道不是很糊涂吗。④君子无所争：出自《论语·八佾》。无所争，不去争论什么。⑤君子矜而不争：出自《论语·卫灵公》。矜，庄重。⑥颜子犯而不校：出自《论语·泰伯》，原文为："曾子曰：以能问于不能，以多问于寡；有若无，实若虚，犯而不校，昔者吾友尝从事于斯矣。"颜子，颜回。⑦子路（前542～前480）：即孔子弟子仲由，字子路，擅长政事，深受孔子器重信赖，性格刚猛勇敢。

【译文】

孔子说："小的事情不忍让，就会破坏了大的计划。"

孔子又说："因为一时的愤怒，而忘记了自己和亲人的安全，这不是糊涂吗？"

孔子又说："君子不会与别人争论什么。"

孔子又说："君子处事谨慎而不与人相争。"

颜回即使被人欺侮，也不会计较。

孔子告诫子路说："牙齿刚硬就容易折断，舌头柔软才能完好保存。所以柔软的一定能胜过坚硬的，弱小的最终能战胜强大的。好斗的人一定会受到伤害，好勇的人一定会导致死亡的结局。所有行为的根本，就是忍让为先。"

【原典】

《老子》①曰："知其雄，守其雌；知其白，守其黑②。"

又曰："大直若屈，大巧若拙，大辩若讷③。"又曰："上善若水，水善利万物而不争④。"又曰："天道不争而善胜，不言而善应⑤。"

【注释】

①《老子》：即《道德经》，又称《道德真经》，传说是春秋时期的老子所撰写，是道家思想的重要来源，也是中国历史上首部完整的哲学著作。《道德经》分上下两篇，原文上篇《德经》、下篇《道经》，不分章，后改为《道经》在前，《德经》居后，并分为八十一章。②"知其雄"四句：出自《老子》第二十八章。雄，比喻刚劲、躁进、强大。雌，比喻柔静、软弱、谦下。③"大直"三句：出自《老子》第四十五章。大直，最正直。大辩，好辩才。讷，木讷。④"上善"二句：出自《老子》第八章。上善，最高的善。⑤"天道"二句：出自《老子》第七十三章。善胜，善于取胜。

【译文】

《老子》说："深知什么是雄强，却安守雌柔的地位；深知什么是明亮的所在，却安于暗昧的地位。"

《老子》又说："最正直好似枉曲，最灵巧好似笨拙，最善辩好似木讷。"

《老子》又说："最高的善就像水一样，水善于帮助万物而不与之争利。"

《老子》又说："天的道，不争而善于取胜，不说而善于回应。"

【原典】

荀子曰[①]："伤人之言，深于矛戟[②]。"

【注释】

①荀子（前313～前238）：名况，字卿，西汉时因避汉宣帝刘询讳，故又称孙卿。战国末期赵国人。著名思想家、文学家、政治家，儒家代表人物之一，时人尊称"荀卿"。②"伤人之言"二句：出自《荀子·荣辱》。

【译文】

《荀子》说："伤害别人的言语，比用矛戟刺入人体还要厉害。"

【原典】

蔺相如[①]曰："两虎共斗，势不俱生[②]。"

【注释】

①蔺相如（前329～前259）：今山西柳林孟门人。一说山西古县蔺子坪人。赵国宦官缪贤的家臣，后官至赵国上卿。战国时期著名的政治家、外交家。②"两虎共斗"二句：出自《史记·廉颇蔺相如列传》。

【译文】

蔺相如说："两只老虎争斗，必定会是你死我活的结果。"

【原典】

晋卫玠[①]尝云："人有不及，可以情恕。"

【注释】

①卫玠（286～312）：字叔宝，河东安邑（今山西夏县）人。他是魏晋之际继何晏、王弼之后的著名的清谈名士和玄理学家，初任太傅西阁祭酒，后任太子洗马。卫玠容貌俊美，永嘉六年卒，时年二十七，时人谓玠被"看杀"。《晋书》卷三十六有传。

【译文】

晋代的卫玠曾经说过："每个人都有他做不到的事情，所以在情理上是可以宽恕的。"

【原典】

又曰："非意相干①，可以理遣②。"终身无喜愠（yùn）③之色。

【注释】

①非意相干：意料之外的冒犯。②遣：处理，对待。③愠（yùn）：发怒，怨恨。

【译文】

卫玠又说："意料之外的无故冒犯，是可以用理排遣的。"他一生都没有喜怒形之于色。

【延伸阅读】

中华民族是一个崇尚谦卑的民族。《谦》卦的《象辞》就说："谦，亨，天道下济而光明，地道卑而上行。天道亏盈而益谦，地道变盈而流谦，鬼神害盈而福谦，人道恶盈而好谦。谦尊而光，卑而不可逾，君子之终也。"这种谦卑的文化不仅见于主流的儒家、道家，甚至在其他的诸多流派中也能看到它的身影。谦卑忍让成了上古勤劳智慧的先民们的一种共识。他们或者以"忍"为手段，如郑国国君在兵败国破的时候，主动肉袒牵羊迎接楚庄王，柔弱谦卑的姿态，赢得了楚国的尊重，一场破国家亡的危机就此化解；或者以"忍"为目的，如孔子说的"君子无所争"，他将不争之"忍"视作古代贤德君子们的必备素质。当然对于很多人来说，他们接受"忍"，很大程度上是看到了"不忍"的巨大后患，如孔子曰："小不忍，则乱大谋。""一朝之忿，忘其身以及其亲，非惑欤？"因此很多人选择"忍"往往是出于被动，是百般无奈的选择。然而如果单从利害的层面看，有些人即便"忍"了，想必也不能彻底，不情不愿的不甘心，最终还是会破土而出，只要他变得足够强大，"忍"便会即刻遭到抛弃，所以一般人在"忍"的时候，常常会说"君子报仇十年不晚"，之所以要等十年，无非是要蓄积力量，为将来的"不忍"做准备。最典型的例子莫过于勾践的卧薪尝胆。吴越对垒，战败的越王以卑贱的姿态，躲过了灭国的危机，他处处隐忍，暗中蓄积力量，等到羽翼丰满，一飞冲天，将强吴攻灭。这样的"忍"，显然是最底层次的，只有意识到"忍"是一种自

然规律的时候，"忍"才能成为一种生活的形式、生存的状态。《左传》说："高下在心，川泽纳污，山薮藏疾，瑾瑜匿瑕，国君含垢，天之道也。"《老子》说："上善若水，水善利万物而不争。""天道不争而善胜，不言而善应。"只有将"忍"上升到这样的高度，个体在具体生活中对于"忍"的践行，才会自然而然，才不会有被绑架的纠结。然而这又谈何容易！从这样的意义上说．我们绝大多数人都只做到了"小忍"，而"大忍"或许永远是无法到达的理想彼岸。

细过掩匿

【原典】

曹参①为国相，舍后园近吏②舍。日夜饮呼，吏患之，引参游园，幸国相召按③之。乃反④独帐坐饮，亦歌呼相应⑤。见人细过⑥，则掩匿盖覆。

【注释】

①曹参（？——前190）：字敬伯，泗水郡沛县（今江苏沛县）人，西汉开国功臣，名将，是继萧何后的汉代第二位相国。秦二世元年，跟随刘邦在沛县起兵反秦，身经百战，屡建战功。刘邦称帝后，论功行赏，曹参功居第二，赐爵平阳侯。惠帝二年接替萧何任相国，一遵萧何约束，有"萧规曹随"之称。此事详见《史记·曹相国世家》。②吏：为曹参的从吏。③幸：希望。按：查办。④反：反而。⑤相应：相呼应。⑥细过：小过错。

【译文】

曹参担任国相时，他家后园与小官吏住的宿舍很近。这些小官吏日夜喝酒呼喊，主管的官员担心影响到曹参致其恼怒，可也没有办法治理，于是就引着曹参去后园游览，希望国相召集他们予以惩戒。然而曹参游园之后，非但没有责备小官吏，反而独自坐在帐中，也饮酒唱歌呼喊，与后园的小官吏们呼声相应。曹参遇到别人有小的过错，就主动为其掩饰。

【延伸阅读】

遇事多宽容，设身处地多为别人着想，不可以斤斤计较。人与人交往难免有个言差语错，或你长我短，动不动就借题发挥，闹矛盾，扩大事端，这很容易破坏彼此的人际关系。

当然，高情商的人不仅懂得宽容别人，而且也懂得宽容自己。有些人，在自己犯了错之后，总是喜欢自责，骂自己做得不够好、太笨、太懒惰、太胆怯。可是，再多的内疚都是于事无补的，事情没有做好，问题没有解决，消极情绪是解决不了问题的。所以，要学会宽恕自己。善待自己，对生活有信心，这样才有可能获得人生的幸福。

总之，动辄出口伤人的人都是情商较低的人，只有那些不够聪明、缺乏理性的人才喜欢处处批评、指责

和抱怨。眼里容不得沙子的人不会看得太远，他们的日子注定会充满灰暗。

当然，善解人意和宽恕他人需要有修养自制的功夫。要想做一个有品味的人，就要懂得用宽恕代替指责。宽容地面对他人，面对人生，才会使自己拥有一个平静从容的生活，才能使自己活得更洒脱。

与国相为邻，小官吏毫不忌惮，纵酒呼号，已属怪异；更怪异的还在于，受扰的国相，非但不以为忤，反倒担心小官吏们会因为行为不当而遭有司惩戒，于是选择与之"同流合污"，将他们的小过错，掩盖于无形。有些人或许会说曹参做事没有立场，模糊了奖惩，对他的上述行为不以为然。然而我们要注意到，国相曹参的后园事件，不过是他原谅他人"细过"的一个小小的例证。因为是小过错，自然就不必劳烦礼法来进行煞有介事地惩治了。曹参的"小忍"，非但不是他无原则的瑕疵，反而更显出他的宅心仁厚，这也是一朝丞相所应有的度量。俗话说，"宰相肚里能撑船"，大概说的就是曹参这样的人。然而，大人也并非个个都能大量，正如小人也未必全部都是鸡肠。事实上，萧规曹随、细过掩匿的人很少见，锱铢必较、睚眦必报的人倒满街都是。从春秋时期晋文公回国之后，借称霸勤王之名，报复之前亏待他的诸国；到当今某些官员假借惠民口号，行个人家庭的不可告人之私欲。在当今社会，不要说是去主动掩饰别人的小过错，就是能做到对人家的小过错不予夸大追究，已经十分难得了。比较之下，曹参的上述掩人小过的做法，实在是难能可贵。

醉饱之过不过吐呕

【原典】

丙吉^①为相，驭吏^②频罪，西曹^③诘罪之。吉曰："以醉饱之过斥人，欲令安归乎？不过吐呕丞相车茵^④，西曹第^⑤忍之。"

【注释】

①丙吉（？——前55）：字少卿，西汉大臣。治律令，本为鲁狱史，累迁廷尉监。汉武帝末诏治巫蛊郡邸狱。后任大将军霍光长史，建议迎立汉宣帝。地节三年为太子太傅，迁御史大夫。元康三年封博阳侯，神爵三年任丞相。此事详见《汉书·丙吉传》。②驭吏：驾车的人。③西曹：古官名。太尉的属官，执掌府中署用吏属之事。④车茵：车中的坐垫。⑤第：姑且。

【译文】

丙吉担任宰相时，他的车夫屡屡醉酒，西曹查问情况，要处罚车夫。丙吉说："因为喝醉了酒就斥责车夫，叫他去哪呢？喝醉了酒，不过就是弄脏了丞相车子里面的垫毯，西曹姑且忍住，不要责怪他了。"

【延伸阅读】

尽管古代的车夫没有高级的职位，但他们的身份微妙，在有些场合却能够发挥特殊的功效。以春秋时期宋国的大臣华元为例。华元在带兵与郑国交战的前夕，设宴款待部下，然而在献酒之时，唯独漏掉了替他驾车的羊斟。等到战争开始，怀恨在心的羊斟，故意将战车冲向敌军，致使主帅华元被俘。这个反面例子中，车夫就因不能忍"小过"而乱了主人的"大谋"。这是一个车夫与主人因不能"忍"而致失败的事例。丙吉之于车夫的友善，是源之他一贯的宽容，史书就称他"于官属掾史，务掩过扬善"。然而丙吉这种发自本心的仁厚，却换来了日后车夫意想不到的回报。因为车夫是边境人，熟悉边塞发奔命警备之事，有一次偶然见到边境驰书，就马上告知丙吉，使他预先知道，等到面君的时候，丙吉能够从容以对，获得皇帝的称赞。丙吉与车夫的关系，则是一个良性循环的正例。当然，这都是丙吉小"忍"所结下的善果。

古人云："海纳百川，有容乃大，壁立千仞，无欲则刚"。是的，生活的快乐之源是宽容。当你十分努力地去做一件事，但无法得到别人的认可，内心万分沮丧时，请别忘了：宽容是快乐之源，它能包容一切，也能化解一切。很多时候，睚眦必报会把事情弄得越来越糟，但是如果你把心放宽，容人之过，你会发现快乐就在眼前。

仇恨如牢笼，心怀怨恨，伤人亦伤己。如果你执意要为他人的错误而惩罚自己，斤斤计较，寸土必争，那么带来的后果只能是无法获得生活的幸福，永远失去心灵的快乐。而宽恕则如和煦的春风，春风所到之处，将吹走一切不快，让我们的心灵获得自由。把心放宽，恕人之过，既可以让生活更轻松愉快，也可以让我们收获更多的亲情和朋友。

圯上取履

【原典】

张良①亡匿，尝从容②游下邳。圯③上有一老父，衣褐。至良所，直坠其履④圯下。顾⑤谓良曰："孺子⑥，下取履。"良愕然，强忍，下取履，因跪进。父以足受之，曰："孺子可教矣。"

【注释】

①张良（约前250～前186）：字子房，战国时期韩国贵族。汉高祖刘邦的谋臣，与韩信、萧何并称为"汉初三杰"。以出色的智谋，协助汉高祖刘邦夺得天下，被封为留侯，去世后，谥为文成侯。此事详见《史记·留侯世家》。②从容：悠闲的样子。③圯（yí）：桥。④履（lǚ）：鞋。⑤顾：回头。⑥孺子：小伙子，年轻人。

【译文】

张良因犯法逃亡下邳，有一次悠闲地在下邳游玩。桥上有一位老人，穿着粗布衣服。走到张良面前，故意将鞋扔到桥下去。他回头对张良说："小伙子，下去把鞋捡起来。"张良感到十分惊讶，正想发作，但还是强忍怒气，走到桥下，把鞋捡上来，跪着送到老人跟前。老人伸出脚来就着张良的手穿上鞋，他说："年轻人，你是可以教育成才的呀！"

【延伸阅读】

要想成就一番大事业就得忍受常人所不能忍受的耻辱，历史将赋予你重大的任务，你就要做好吃苦受辱的准备，那不仅是命运对你的考验，也是自己对自己的验证。面对耻辱，要冷静地思考，不接受会不会出现生命的劫难，会不会从此一蹶不振永难再起？如果真存在这种情况，那么就要三思而后行，而不是鲁莽的凭自己的一时意气用事。因为人在遭遇困厄和耻辱的时候，如果自己的力量不足以与彼方抗衡，那么最重要的是保存实力，而不是拿自己的命运做赌注，做无所谓的争取。一时意气是莽夫的行为，绝不是成就大事业的人的作为。

在现今焦躁不安的社会中，我们更要学会一种心态，需要屈时就屈，需要伸时就伸，可以屈时就屈，可以伸时就伸，为人处世遇事有退让一步的态度方为高明，因为让一步就等于为日后进一步做准备，待人接物以包容宽厚的心境为快乐，也消除了自己骄傲暴戾的情绪。

　　一般人都是想得多，做得少。当然，能够想通想透，也很不容易，要做好做精，就更难了。所谓的"知易行难"，实在是千年以来人类难解的通病。相形之下，当我们在面对突然而来的事件时，很多人都会愕然失措，一时难以应对，更不要说处置得体了。而事后反思，对自己当时的失措反应，大都会难以置信，恍然判若两人。言和行之间的距离，竟然可以如此之大。张良的出众之处，正在于他在猝不及防的遭遇面前，表现出了惊人的淡定，虽然他内心也有短暂的波动。然而过往的修为最终还是展示了巨大的力量，使得他能够瞬间平静，从容应对。一场千古圣贤之间的遇合，就在这一刻得以完成。张良的这种修为，就是"忍"，一"忍"，就使得波动的情绪得到了有效控制。人只有回归理性之后，才能对事件做出得体的判断。张良无疑是一个大器之人！苏轼曾高度评价张良此举，视其为留侯人生的转折点。因为此前的张良正是因为不能"忍"，仗着年轻人的意气，在博浪沙伏击秦始皇，失败之后就隐伏于下邳。虽然张良故作从容，但还是被睿智的老者发现，才有了桥上穿鞋试探的一幕。苏轼认为，老者是故意要挫一挫张良的锐气，

使他懂得隐忍的必要，因为就当时的境况而言，在强秦的重压之下，除隐忍外实在是别无良策。张良毕竟是大器之人，他领会了老者的良苦用心，在之后的人生道路上，始终坚守老者"隐忍"的教诲，辅佐刘邦一步步由小而大，由弱而强，使他成为整个战争的最后胜利者。如此来说，张良没有"隐忍"，成不了留侯；没有"隐忍"的留侯，也就没有刘邦的大汉帝国。"忍"之时义，大哉！

人有七情六欲，喜怒哀乐是人与生俱来表达情感的方法，一个人在这世上，难免会遇到令人高兴或气愤的事。兴奋的事可以使人心情愉快，精神奋发，并使生活充满无限的希望。而令人气愤的事往往会使人义愤填膺，怒火中烧，很可能使人丧失理智，做出不可收拾的不良举动。我们都知道，当一个人气上心头时，意气用事是在所难免的，因此，在这个时候所说的话或所做的事，总是超出人所能想像的，即使平常说话非常谨慎的人，也会因丧失考虑而祸从口出。然而，生气是人之常情，但一个人生活在世上，若能高高兴兴地过一生，那不是一件很美的事吗？所以，我们应尽量以愉快的心情，来处理生活上的各种问题。即使一旦发怒，最好能尽量忍在心里，不要爆发，用理智来抑制激情，才能使大事化小，小事化了。

忍，往往能体现出一个人的能力；能忍的人，才能够经过千锤百炼之后做出一番大事业。

出胯下

【原典】

韩信①好带长剑，市中有一少年辱之，曰："君带长剑，能杀人乎？若能杀人，可杀我也；若不能杀我，从我胯下过。"韩信遂②屈身，从胯下过。汉高祖③任为大将军，信召市中少年，语之曰："汝昔年④欺我，今日可欺我乎？"少年乞命，信免其罪，与其一校官⑤也。

【注释】

①韩信（约前231～前196）：淮阴（今江苏淮安）人，西汉开国功臣，中国历史上杰出的军事家，与萧何、张良并称为"汉初三杰"。曾先后为齐王、楚王，后贬为淮阴侯。韩信虽然为汉朝的建国立下赫赫战功，但是后来遭到汉高祖刘邦的疑忌，最后以谋反罪处死。此事详见《史记·淮阴侯列传》）。②遂：于是。③汉高祖（前256～前195）：刘邦，字季，秦泗水郡沛县（今江苏沛县）人。秦末起兵反秦，受项羽之封为汉王，后又击败项羽，建立汉朝，谥号高皇帝。④昔年：当年。⑤校官：校尉。

【译文】

韩信喜欢身佩长剑，在集市上，一位少年侮辱韩信，少年说："你虽然身佩长剑，但你敢杀人吗？如果你敢杀人，可以把我杀了；如果你不敢杀我，那你就从我的两腿之间钻过去。"韩信于是弯着身体，从那位少年的两腿之间钻过。后来，汉高祖刘邦任命韩信为大将军，韩信后为楚王，将曾经侮辱过自己的那个少年召到跟前，对他说："你过去欺负我，现在还可以欺负我吗？"那位少年求韩信饶命，韩信赦免了他的罪过，还封他做了一个校尉的官。

【延伸阅读】

每个人在社会上碌碌奔走，都希望有一天能够"出头"，可是古人早有告诫："烦恼皆因强出头。"意即时机不到就不要太早暴露自己、糊涂自保，积累力量才是最主要的。

人想"出头"是天经地义之事，不想"出头"的若不是有意淡泊名利，大概就是自暴自弃的白痴了；在自我心理压力、社会环境压力之下，要逃出"出头"的个人信念是很困难的。

自己的能力还不够，却勉强去做某些事。固然勉强去做也有可能获得意外的成功，但这种可能性不高，通常的结果是做失败了，折损了自己的壮志，也惹来了一些嘲笑。"失败为成功之母"不是没有道理，可是在别人眼中，你的失败却是"能力不足""自不量力"的同义词。在由别人掌控和分配机会的环境里，"失败"是一种不可逃避的致命伤，而且还会成为耻辱的印记，跟着你一辈子，这是社会生活中的现实，也是"强出头"的

烦恼。

如果自己有足够的能力，可是客观环境却还未成熟。所谓"客观环境"是指"大势"和"人势"，"大势"是大环境的条件，"人势"是周遭人对你支持的程度。"大势"如果不合，以本身的能力强行"出头"，不无成功机会，但会多花很多力气；"人势"若无，想强行"出头"，必会遭到别人的打压排挤，也会伤害到别人。

古语有云："千金之子，不死于市。"意思就是说，贵家子弟要洁身自好，不能随便浪掷宝贵的生命，因为他们身上还有更重要的责任。所谓身负重任，壮志未酬，怎么能因为小事而丧了命呢！韩信虽然不是贵家子，但他却是胸怀天下的大才，即是日后一代枭雄的汉高祖刘邦称赞的，"运筹帷幄之中，决胜千里之外"的三杰之首。因为他是戡定天下的大才，所以自然不甘心和市井小儿争横斗狠，冒无谓的危险。韩信的选择屈服，是好汉不吃眼前亏，在不该费心的地方绝不浪费精力。韩信功成名就之后，召见旧日的仇人，他如下解释道："此壮士也。方辱我时，我宁不能杀之邪？杀之无名，故忍而就于此。"小忍是为了大谋。如果当初韩信冲冠一怒，刺杀了市井无赖，想必历史上便少了一个豪杰，而多了一个莽汉。韩信之所以为韩信，正在于这难能的隐忍。然而令人惋惜的是，韩信早年凭着隐忍，成就他的登台拜帅、裂地封侯的光辉业绩，晚年却因为淡忘了隐忍，锋芒太露、功高震主而落得个被诛杀的下场。不能忍竟可以使局面戏剧性地逆转！相比较而言，张良对于隐忍执行得最为彻底，所以他能够功成身退。早年萧何月下追韩信，世人常说的"成也萧何败也萧何"，慨叹知音之难觅，然而对于韩信而言，更真实的情况，恐怕是"成也在忍败也在忍"了。

尿寒灰

【原典】

韩安国为梁内史^①，坐法^②在狱中，被狱吏田甲辱之。安国曰："寒灰^③亦有燃否？"田甲曰："寒灰倘燃，我即尿其上。"于后，安国得释放，任梁州刺史，田甲惊走。安国曰："若走，九族^④诛之；若不走，赦其罪。"田甲遂见安国，安国曰："寒灰今日燃，汝^⑤何不尿其上？"田甲惶惧，安国赦其罪，又与田甲亭尉^⑥之官。

【注释】

①韩安国：西汉著名政治家。自幼博览群书，成为远近闻名的辩士与学问家，后到梁孝王幕下任中大夫，成为麾下得力谋士。他帮助梁孝王和汉政权化解了几次危机，深得汉景帝的信任。汉武帝时，进入汉王朝中央政权的核心圈子。韩安国根据国家现状，提倡与匈奴和亲，使汉王朝北方多年无战事。元朔二年（前127），韩安国病死。此事详见《汉书·韩安国传》。梁：梁国，为汉高帝五年（前202）梁孝王刘武在今河南商丘一带建立的西汉封国，都城睢阳（今河南商丘），辖地相当于今商丘市及安徽省北部一带。梁国曾经是西汉最强大的诸侯国。内史：官名。②坐法：触犯法律。③寒灰：冷灰。④九族：一种说法是指父族四、母族三、妻族二。⑤汝：你。⑥亭尉：《汉书·百官公卿表》谓十里一亭。亭有亭长，掌治安警卫，兼管停留旅客，治

理民事。此外设于城内或城厢的称"都亭"，设于城门的称"门亭"，均置亭长，其职掌与乡间亭长相同。

【译文】

韩安国担任梁国内史时，因犯法被关到监狱中。狱中小吏田甲侮辱他。韩安国对田甲说："你不知道冷却的灰可重新燃烧起来吗？"田甲说："如果冷灰可以重燃，我就用小便浇灭它。"后来，韩安国释放出狱，被任命为梁州刺史。田甲吓得逃跑了。韩安国说："田甲如果逃走，就把他的九族都杀了；如果不走，可以赦免他的罪过。"田甲于是来见韩安国。韩安国问田甲："冷灰今天重燃了，你何不用小便浇灭呢？"田甲十分害怕，韩安国不但赦免了他的罪过，还让他做了一个亭尉的小官。

【延伸阅读】

田甲在狱中侮辱韩安国的时候，肯定不会料到眼前的囚徒，还会有东山再起之日。于是在韩安国的死灰复燃的暗示下，他才会发出那么狂妄的叫嚣之辞。田甲是典型的小人，做的是落井下石的卑鄙之事。然而这个小人田甲又很幸运，他碰到了一个仁人君子。韩安国"以德报怨"的大度之举，使得田甲的小丑行径最后演化成一场仁者的颂歌。《论语》中记录了孔子的一段对话："或曰：以德报怨，何如？子曰：何以报德？以直报怨，以德报德。"从常情来说，能够放过对手不计前嫌已属不易，韩安国还让这个昔日仇人做了小官，却让我们内心愤愤难平。如果田甲真是人品很差的话，赦免固然能彰显韩安国的仁厚，而封官无论如何都涉嫌乱法违纪。可能的情况或者在于，故事只是为了要突出韩安国的大度之忍，所以特意安排了田甲不堪的故事。符合逻辑的解释是，田甲虽然不是君子，但却不见得没有才干，所以韩安国选用了他。以管仲和齐桓公的关系论，管仲作为公子纠的臣子，在公子纠与公子小白的兄弟争位斗争中，射伤了小白，但后者却能不计前嫌，委以重任，才有了后来齐桓公"一匡天下，九合诸侯"的赫赫功勋。后人多赞赏齐桓公的宽容大度，然而我们也要看到，作为施暴者的管仲，他自己必须是有才之人，如果他自己有了冒犯贤者的前科，又兼之无才的话，他的死期很快就到了。以韩安国与田甲事而论，我们既要看到韩安国的仁人隐忍，也要看到田甲或许也不乏才干。更重要的还在于，故事提示我们，"忍"有些时候也是有条件限制的。

忍经全鉴

诬金

【原典】

直不疑①为郎，同舍②有告归，误持同舍郎金去，金主意③不疑。不疑谢④有之，买金偿之。后告归者至，而归亡金，郎大惭。以此⑤称为长者。

【注释】

①直不疑：西汉南阳郡（今河南南阳）人。喜欢阅读《老子》，主黄老之学。汉文帝时，担任郎官，后位至太中大夫。景帝后元元年（前143），因平定七国之乱有功，被任命为御史大夫，封塞侯。汉武帝建元元年（前140），因过失被免官。此事详见《汉书·直不疑传》。②同舍：同屋居住。③意：怀疑。④谢：道歉，认错。⑤以此：因此。

【译文】

直不疑在朝中担任郎官的时候，同宿舍有一个人在回家时，误将同舍的金子拿走了，失主怀疑是直不疑拿走了他的金子。直不疑没有解释，向失主道了歉，还买了金子还给了他。后来回家的人回来，将金子如数归还，失主对自己错怪直不疑感到十分惭愧。因此，大家都称直不疑是忠厚的人。

【延伸阅读】

俗话说"事实胜于雄辩"。再华丽的虚假言辞，在事实面前最终都会穿帮露馅；同样虚假的事情，最终还是会水落石出。直不疑大概就是信奉了这样的原则。或许在他看来，言语的解释是无力的，在自己拿不出让人信服的证据之前，解释只能加重对方的怀疑。聪明的做法，莫过于坦然接受，等待时间的审判。一般人大体就在这个地方止步不前，而直不疑却走得更远。他不但没有辩解，还接受了对方的诬告，将对方的怀疑干脆坐实了。后来对方的金子失而复得，直不疑的仁厚便如日出东方光芒四射了。直不疑的宽容仁厚，还有其他类似的例子佐证。史书称，有人诋毁直不疑，说他容貌虽然长得俊美，但却做出与嫂子通奸的丑事！直不疑听说后，说我根本没有哥哥，何来与嫂子通奸之说呢。但他始终也没有去找诬蔑他的人辩解。虽然我们都会说"清者自清，浊者自浊"，但是并非所有的人，在选择走直不疑这样的隐忍道路的时候，都能如他那么幸运。以一个极端的例子为例。春秋时期晋国发生了一件重大的变乱。事件的起因是晋献公晚年，娶了年轻漂亮的骊姬，还与她育有一个儿子，受宠的骊姬借得势的风头，撺掇宫中的几个人，要除掉太子申生。她谎称自己梦见申生母亲，要求太子去祭拜。太子事后向父王献上祭肉，骊姬将肉秘藏宫中，派人在肉中投毒之后，就诬陷太子要毒杀国君。太子明知遭人诬陷，却没有选择申辩，而是自杀成仁。直不疑所遇到的污蔑误解，似乎比不上太子申生严重。直不疑倘若也处在申生的境地，不知能否杀身成仁？当然我们不是在苛求直不疑，而是提示我们注意，这种一味宽容是有极大风险的，有时候甚至要付出生命的代价。正因为难能，所以更加可贵。

另外，君子爱财，要取之有道，不要因贪欲而取不义之财。生活中，我们时常能看到请客送礼之风盛行，这是因为清廉之心不够坚强。殊不知，吃人嘴短拿人手软是需要为人"降灾免祸"的。这些完全是不知忍取之心造成的。为了一己私欲，有时候是需要付出惨重代价的。

正是青黄不接的初夏，一只母老鼠掉进一个盛得半满的米缸里。这飞来的口福老鼠自然不会放过。但饿慌了的它仍是十分警惕的。这不，上一回自己的三个孩子因为贪吃涵洞里的玉米棒而毙命了。刚从悲哀中缓过神来的它这回多了一个心眼，先用舌头舔一舔表层的米粒，几个时辰以后，发现自己仍然口不干舌不烧头不疼，反倒觉得有点多虑了。接下来自然是一通饱吃，吃完后倒头便睡。

不知不觉中，丰衣足食地过了好长一段时间。有时，它也想跳出去算了，但一想到这么多这么好的白米，嘴里便直发痒痒。直到有一天，它发现米缸见了底，才觉得现在这样的高度是自己难以企及的了，心里不由得发了慌。

这样下去的结果自然只有两个，不是成了主人的棒下鬼，就是饿死缸中。

世人呀，警醒吧！如果你有心获取不义之财，赶快收敛你的行为，因为法网永远不会漏过任何一条有罪之"鱼"。因此，面对不义之财的诱惑，怎能不忍住贪欲之心呢？

诬裤

【原典】

陈重同舍郎有告归宁①者，误持邻舍郎裤②去。主疑重所取，重不自申说，市裤以偿。

【注释】

①陈重：字景公，东汉名士，豫章宜春（今属江西）人。少与同郡雷义为友，俱学《鲁诗》《颜氏春秋》。后举茂才，除细阳令。政有异化，举尤异，当迁为会稽太守，遭姊忧去官。后为司徒所辟，拜侍御史，卒。此事详见《后汉书·独行列传》。郎：汉官名，秦汉时，郎官属郎中令，员额不定，最多时达五千人，有议郎、中郎、侍郎、郎中四等。以守卫门户，出充车骑为主要职责，亦随时备帝王顾问差遣。归宁：指古代新婚夫妻在婚后的第三日，携礼前往女方家里省亲、探访。②裤（kù）：同"裤"，裤子。

【译文】

陈重同僚中有人新婚不久要去丈人家回礼，走的时候误拿了邻舍的人一条裤子。主人怀疑是陈重所拿，陈重也不申辩，买了一条裤子还他。

【延伸阅读】

年轻人的本性是冲动的，所谓的少年意气，所谓的年少轻狂，面对他人的误会，大部分人的反应会是横眉冷对，绝少妥协。所以孔子告诫说："君子有三戒：少之时，血气未定，戒之在色；及其壮也，血气方刚，戒之在斗；及其老也，血气既衰，戒之在得。"孔子说自己七十从心所欲不逾矩，孟子则说自己四十不动心。我们不知道陈重此时年岁几何，但从他与人同宿舍的描述来看，应该不会太大。史书说他"少与同郡雷义为友，俱学《鲁诗》《颜氏春秋》。太守张云举重孝廉，重以让义，前后十余通记，云不听。义明年举孝廉，重与俱在郎署"。小小年纪有了如此的修为，让我们由衷叹服。故事没有说明室友归来，还回裤子之后，主人的羞愧与敬佩。但对于陈重而言，后面发生的事情，已经不重要了，因为他显然不是要得到事实澄清之后别人对自己的赞誉。我们愿意这样去猜测陈重，因为他是一个心地淳厚的人。一个对他人无限宽容的人，对于他人并非恶意的误会，他自然不会拂人之意。故事中陈重明明被误会，却选择不予申辩甚至于接受，在当时因为有特殊的文化背景，可能成为当时的美谈，但是在当下的语境中，这会引来很多的麻烦，无论是对自己还是他人。对自己而言，选择接受误会，就要承担很多污蔑的风险；而对于他人而言，这种纵容的姿态，无疑会助长某些居心叵测之人的坏心。当然故事的重点在于要凸显陈重的宽厚仁慈。能吃亏既是宽厚的显著特征，也是古今称许的优良美德，因为所有歌颂仁慈的故事，最后的结局都是好人得到了好报。陈重是一个很好的榜样，虽然这个榜样的姿态极高。俗话说，矫枉必然过正。出格的行为，才能彰显出格的人才。清代大诗人龚自珍有诗云："虽然大器晚年成，卓荦全凭弱冠争。"（《己亥杂诗》）真正出色的人才，在年轻的时候，便已经显露峥嵘了。

羹污朝衣

【原典】

刘宽①仁恕，虽②仓卒未尝疾言剧色。夫人欲试之，趁朝装③毕，使婢捧肉羹翻污朝衣。宽神色不变，徐④问婢曰："羹烂汝手耶？"

【注释】

①刘宽：字文饶，弘农华阴（今陕西华阴）人。灵帝初，征拜太中大夫，传讲华光殿。熹平五年（176），代许训为太尉。后以日食策免。拜卫尉。光和二年（179），复代段颎为太尉。在职三年，以日变免。又拜永乐少府，迁任光禄勋。以先策黄巾逆谋，以事上奏，封逯乡侯，食邑六百户。中平二年（185）卒，时年六十六。宽简略嗜酒，不好盥浴，京师以为谚。此事详见《后汉书·刘宽列传》。②虽：即便。③朝装：朝服。④徐：从容的样子。

【译文】

刘宽仁慈宽厚，即使仓促之中也不曾疾言厉色。他的妻子想试试他，趁他刚穿好上朝服装的时候，妻子派婢子端着一碗肉汤，故意泼洒在刘宽的身上。刘宽神色不改，慢慢地问婢子："汤烫伤了你的手吗？"

【延伸阅读】

想必是刘宽的好性子，真正是好到了家，所以连他的妻子也有所怀疑，世间竟然真有如此仁慈之人，于是便动了试探之心。夫人的试探，当然是无心的玩笑之举，但仓促之间的临时起意，倒是最能检验人物的真实修为。很多人平日里坐而论道，都会有一套冠冕堂皇的理论，但是等到具体生活中，却完全是另外一副嘴脸，更遑论突袭来临时的惊慌失措。以古今中外的领导下基层为例。领导要下的基层，往往在领导下来之前便早早得知消息，着手准备，等到领导光临，见到的都是一派喜气洋洋的景象。这种下基层，就类似于两国之间的交兵，甲说要突袭乙，然而甲却招摇过市逶迤而至，等到兵临城下则乙早就准备妥当，彼时的优势至此则荡然无存。对于人才的检验，无征兆的突袭无疑一块绝好的试金石，古人早就用之，如《韩诗外传》里面就说："夫观士也，居则视其所亲，富则视其所与，达则视其所举，穷则视其所不为，贫则视其所不取。此五者足以观矣。"刘宽的宽厚深入骨髓，他是真正的长者。而真正的长者一定是以人为本的。刘宽的一句"汤烫伤了你的手吗"，想必会让很多人动容。《论语》中记录了孔子类似的经历，"厩焚。子退朝，曰：伤人乎？不问马"。

当然故事的核心是要说明刘宽的"善忍",而我们看到在"善忍"的背后,隐藏着一个怎样的博大胸怀!只有这样胸怀天下的被试者,才能"泰山崩于前而色不变",才能无往而非"忍"。

做事不能随心所欲,光凭着自己的性子去做事,而不看清身边的人和周围的环境,到头来吃亏的还是自己。

西汉汉武帝在位期间,穷兵黩武,一意征伐边境上的国家。到了晚年,桑弘羊对汉武帝说,轮台东有溉田五千多顷,可以派屯田的士兵,设置校尉官,招募老百姓中身体壮实愿意迁去的人到那里去开垦屯田。并可以筑亭障以威慑西方的国家。汉武帝于是下诏书陈述以前的过错,说:"以前有司上书建议让老百姓交赋三十以助边防之用,这是加重了老百姓和一些老弱孤独者的苦难。现在又有人建议派士兵屯田轮,修筑亭障,这是侵扰天下的百姓,不是关心百姓。我不愿意听这样的建议。"司马光说:"汉武帝晚年能够改正错误,将政权交给合适的人,这就是为什么他有秦国灭亡的失误而终于能避免像秦国灭亡的结局的原因。"

每一个人都希望顺从自己的心意去干使自己快心快意的事情,可是,求一时之快,带来的往往是不可料想的后果。我们要意识到,快人快意虽然是人们所追求的,但是求一时之快就要做好承担祸害的准备,既然求快意会给自己带来灾难,为什么不忍住追求快意之心呢?

认牛

【原典】

刘宽为司徒，人有走牛，就宽车中认之。宽不争辩，默解与之，步行而归。后数日，主得牛，乃惭送谢，宽曰："物有相类，事容错误，幸劳见归，何谢之有？"

【译文】

刘宽担任司徒时，有一个人的牛走丢了，就拦住刘宽车驾，说驾车的牛是自家的。刘宽不和他争辩，默然解下牛给他，自己步行回家。过了几天，牛的主人找到了自己走丢的牛，惭愧地送还刘宽的牛并道歉，刘宽说："动物有外形很像的，这类事情也常常出错，您给我送回牛已经很劳驾您了，还道歉什么呢？"

【延伸阅读】

生活中总是会有一些不和谐的音符，不经意间在影响着我们的生活：有人会背叛你，有人会反对你，有人会拆你的台，有人会跟你捣乱……总之，不如意的事情好像会随时存在，让你的心情无法快乐起来。这个时候，你是选择以牙还牙还是选择包容呢？聪明的人一定会选择后者，因为只有后者才是真正能让你快乐起来的惟一途径。

有这样一个故事：在一个庆功宴上，一位小士兵不小心将菜汤洒到了将军的秃顶上，士兵吓得目瞪口呆，众人也惊慌失措，没想到将军竟诙谐地说：“小伙子，你以为这样能治好我的秃顶吗？”话音一落，全场的紧张气氛立即消除，人们终于领略了什么叫将军风度，宴会又重新回到了快乐之中。

将军用诙谐包容了小士兵的失误，既赢得了众人的尊敬，又没有影响宴会的快乐气氛。由此可见，包容不是软弱，也不是无能，而是无私的胸怀，一种博大的胸襟。包容是海纳百川，是厚德载物，是淡泊明志，是宁静致远。没有包容，就没有和谐，没有包容，就没有快乐。

包容反映了一个人的品德修养和胸怀肚量，“人非圣贤，孰能无过，过而改之，善莫大焉。”因为包容，生活会更加美好，因为包容，人生会更加快乐。在漫长的人生道路中，一个人难免会误入歧途，这时就需要你用包容来感化他，引领他走向正确的道路。

认马

【原典】

卓茂①，性宽仁恭爱②。乡里故旧，虽行与茂不同，而皆爱慕欣欣焉。尝出③，有人认其马。茂心知其谬④，嘿⑤解与之。他日，马主别得亡者，乃送马，谢⑥之。茂性不好争如此。

【注释】

①卓茂：字子康，南阳郡宛县（今河南南阳）人。汉元帝时求学于长安，师从博士江生，习《诗》《礼》及历法算术。究极师法，称为通儒，后任密县令。王莽秉政，置大司农六部丞，劝课农桑。迁茂为京部丞，密县人老少皆涕泣随送。及莽居摄，以病免归郡，常为门下掾祭酒，不肯作职吏。更始立，以茂为侍中祭酒，从至长安，知更始政乱，以年老乞骸骨归。此事详见《后汉书·卓茂列传》。②宽仁恭爱：宽厚、仁慈、恭谨、慈爱。③尝出：曾经外出。④谬：错误。⑤嘿（mò）：同"默"，默然。⑥谢：道歉。

【译文】

卓茂，性情宽厚，仁义待人，与乡里故旧友爱，即使各自的行业才能不同，也都友好融洽。有一次卓茂外出，有人说卓茂骑的马是他的。卓茂明知这个人弄错了，但还是默然解下马给了他。过了几天，马的主人找到了他丢失的马，于是将马还给卓茂，并向其道歉。卓茂就是如此不与人争。

【延伸阅读】

孔子说："仁者爱人。"范晔说："夫厚性宽中近于仁，犯而不校邻于恕，率斯道也，怨悔曷其至乎！"卓茂是儒家的信徒，史书称他，"元帝时学于长安，事博士江生，习《诗》《礼》及历算。究极师法，称为通儒"。"初辟丞相府史，事孔光，光称为长者。"因为尊奉仁义，所以就对人宽，而对己严，所以在与人产生分歧的时候，总会反求诸己，而不与对方辩解。儒家一贯的教诲就是，出现了问题就从自身找答案。据范晔的描述，这个故事还有如下的情节："茂问之曰：子亡马几何时矣？对曰：月余日矣。""顾曰：若非公马，幸至丞相府归我。"我们当然知道，这个故事的真实性很高，而且也相信卓茂确实说了类似的话，但是我们却不禁要问，为什么对方在发现卓茂拿了他的马，就只是领走了事？而后卓茂的马失而复得，错误的人送回时，也没有得到应有的惩罚？按现在的情况来看，无论是卓茂还是弄错的人，都不会那么轻易地脱身事外。我们以后来视前人，不免心存疑惑。但是我们又看到，在史书中类似的故事一再重演，东汉的刘宽就是一例。在上篇的"认牛"故事中，刘宽就表现了与卓茂类似的宽容大度。或者史书的作者只是要突出传主的德高仁厚、忍性大度，特别选择了这样的镜头，但作者或许没有意识到，这样单方面的强调，有些时候也会生出一些歧义，当然这些猜测并不影响人物的伟大。

鸡肋不足以当尊拳

【原典】

刘伶①尝醉，与俗人②相忤。其人攘袂奋拳③而往，伶曰："鸡肋④不足以当尊拳。"其人笑而止。

【注释】

①刘伶（约221～300）：字伯伦，沛国（今安徽淮北）人。身长六尺，容貌甚陋。放情肆志，常以细宇宙齐万物为心。沉默少言，不妄交游，与阮籍、嵇康相遇，欣然神解，携手入林。尝为建威参军。泰始初对策，盛言无为之化。时辈皆以高第得调，伶独以无用罢。竟以寿终。此事详见《晋书·刘伶传》。②俗人：民众，百姓。③攘袂：挽起袖子。奋拳：挥舞着拳头。④鸡肋：像鸡肋一样的身体。

【译文】

刘伶曾经喝醉了酒，与一名老百姓发生冲突。那人挽起衣袖，挥舞着拳头冲过来。刘伶说："我这像鸡肋一样的身子，抵挡不住老兄的拳头。"那人大笑，收起了拳头。

【延伸阅读】

常人在清醒的时候，遇事能够灵活应变，并不罕见；但在醉酒之后，还能机应不差，若非天资卓越，且素行已久，则实非可能。刘伶显然属于后者，且是其中的高手。刘伶是聪明的人，因为聪明，所以才能够遇事而变、化险为夷；刘伶更是放达的人，因为放达，所以才能够轻易地超脱于俗世。其实，聪明的人通常很难放达，因为聪明必然自负，一旦自负就很难放手；但放达的人，绝大多数都是聪明的人。

当然，只有真正聪明的人，才能以他的睿智参透人生的迷局，刘伶正是这样的人。他崇尚无为，甚至看淡了生死。一个参透了生命秘密、超脱了生死限制的人，在俗世中还有什么能够让他计较的呢？史书称他，"初不以家产有无介意。常乘鹿车，携一壶酒，使人荷锸而随之，谓曰："死便埋我。"这是何等的潇洒！然而我们又注意到，这位洒脱的先生又好酒如命，不由得让人怀疑他的放达是否是醉酒所致，因为通常好酒的人多是借酒浇愁，为的是能够在醉酒之后获得片刻的达观体验。然而刘伶似乎例外，他的好酒、嗜酒甚

至醉酒，只是他的放情肆志的本性所致，换句话说，酒正是他达观性情的呈现，他正是借酒这个道具完成了他的生命姿态。史书讲了这样一个小故事："尝渴甚，求酒于其妻。妻捐酒毁器，涕泣谏曰：'君酒太过，非摄生之道，必宜断之。'伶曰：'善！吾不能自禁，惟当祝鬼神自誓耳。便可具酒肉。'妻从之。伶跪祝曰：'天生刘伶，以酒为名。一饮一斛，五斗解酲。妇儿之言，慎不可听。'仍引酒御肉，隗然复醉。"刘伶是以天地自然为法，他的妻子自然达不到他的高度。故事中的俗人距离刘伶的境界就更远了！

唾面自干

【原典】

娄师德①深沉有度量，其弟除②代州刺史，将行，师德曰："吾辅位宰相，汝复为州牧③。荣宠过盛，人所嫉也，将何术④以自免？"弟长跪⑤曰："自今虽有人唾某面，某拭之而已。庶⑥不为兄忧。"师德愀⑦然曰："此所以为吾忧也。人唾汝面，怒汝也。汝拭之，乃逆其意，所以重其怒。不拭自干，当笑而受之。"

【注释】

①娄师德（630～699）：字宗仁，郑州原武（今河南原阳）人，唐朝宰相、名将。唐高宗上元初，朝廷召募猛士抵御吐蕃，娄师德以文臣应募，从军西讨，屡有战功。娄师德前后在边疆总共驻扎了三十余年，以谨慎忍让而闻名。此事详见《新唐书·娄师德传》。②除：任命官职。③州牧：州的最高长官。④何术：什么方法。⑤长跪：直身而跪，也叫"跽"。古时席地而坐，坐时两膝据地，以臀部着足跟。跪则伸直腰股，以示庄敬。⑥庶：希望。⑦愀（qiǎo）然：形容神色变得严肃或不愉快。

【译文】

娄师德性格稳重，很有度量。他的弟弟出任代州刺史，即将上任，娄师德对他说："我位至宰相，你现在又出任州官，我们家受皇帝的宠幸太多了，这正是别人所妒嫉的，你有什么办法避免这些妒嫉呢？"娄师德的弟弟跪在地下说："从今以后，即使有人朝我的脸上吐唾沫，我自己擦去算了，决不让你担忧。"娄师德面色严峻地说："这正是我所担忧的。人家向你吐唾沫，是恨你，如果你将唾沫擦去，正违反了吐唾沫的人的意愿，只会加重他对你的愤怒。应该不擦去唾沫，让它自己干，这样笑着接受它。"

【延伸阅读】

中国有一句格言："忍一时风平浪静，退一步海阔天空。"不少人将它抄下来贴在墙上，奉为座右铭。这句话与当今商品经济下的竞争观念似乎不大合拍，事实上，"争"与"让"并非总是不相容，反倒经常互补。在生意场上也好，在外交场合也好，在个人之间、集团之间，也不是一个劲"争"到底，忍让、妥协、牺牲有时也很必要。

人都会有喜悦和愤怒，这是人的性情，但是喜怒需要适可而止。大喜过后往往是大悲，怨恨过后往往是记恨和不可挽回的灾难。逆来顺受就是对恶劣的环境和粗暴的行为以顺从、忍受。

事实上，在这个优胜劣汰的社会里，一个人不应该一味屈从顺受的，但是为了避免和强权、霸道发生冲突而忍气吞声是明智的举措。当你位居高位之时，则更应该控制住心中的怒火，而不应犯下不可挽回的错误。

一个人痛苦的原因是：世上本无事，庸人自扰之。你的心情就来源于你给予这个事件的意义，而非事件本身。

有一个人经常爱发脾气，稍微有些不如意的事，就能让他火冒三丈，暴跳如雷，别人都不愿意和他交往。后来他觉察出易怒的坏处，决心要改正它。于是仔细检讨自己发怒的原因，觉得每次发怒都是由于别人的言谈行为不合自己意愿引起的。因此，为了避免自己发怒，提高自己的修养，他一个人跑到一个远离人群的深山隐居起来，天天在那儿修身养性。

有一天，他拿着一个陶罐去河边打水，刚走两步，脚下绊了一下，一罐刚打满的水就洒了。他只好再返回装满。但刚走到半路，一不小心，又把罐里的水洒了。到他第三次提完水回去，同样的事又发生了。他一气之下，把陶罐使劲地摔到地上。

"砰"地一声响，让他一下子恍然大悟。他望着满地的碎片，自责地说："我以为以前发怒都是别人引起的。但现在就我一个人，我还有这么大脾气，可见怒气是从自己心中生出来的啊！"

俗话说"谦受益，满招损""月满则亏，水满则溢"，意思就是告诫世人，做人要低调，不事张扬，否则就会落下不好的结果。道理虽然很通俗简单，但要践行，对很多人来说却殊为不易。君不见多少达官巨贾，几代辛苦经营，一朝灰飞烟灭。中国有句古话"富

不过三代"，说的就是这个意思。通常人富贵之后，内心就容易膨胀，随心所欲，不守规矩，败落凋零也是很自然的了。这种情况在创业的第一代身上还不明显，因为他们大都是从底层做起，知道生活的艰辛，发达之后即便放纵也能有度有节。难的是后代，自打出生便是锦衣玉食，养尊处优，对于祖上父辈的曾经艰辛，全无感受，生而尊贵的优越感，很快便演变为对他人的傲慢与偏见，于是一场败亡的危机也就此酿成。所以"创业难，守成更难"的古训，的确是过来人的金玉良言。娄师德兄弟的对话，正是基于上述的忧虑。虽然其中不乏寻常功利的考量，比如官场的倾轧，人心的险恶，世事的难料等，但对于兄长娄师德而言，高度自觉的忧患意识，才是他的本性良知。因为他显然不是一个势利之徒，他对于弟弟的教诲，也并非出于狭隘的家族自保。史书讲了他与狄仁杰之间的一个小故事："狄仁杰未辅政，师德荐之，及同列，数挤令外使。武后觉，问仁杰曰：'师德贤乎？'对曰：'为将谨守，贤则不知也。'又问：'知人乎？'对曰：'臣尝同僚，未闻其知人也。'后曰：'朕用卿，师德荐也，诚知人矣。'出其奏，仁杰惭，已而叹曰：'娄公盛德，我为所容乃不知，吾不逮远矣！'"我们很多人或许也能做到自谦、隐忍，但却不见得能像娄师德那样，能够做到自谦、隐忍却不功利。

五世同居

【原典】

张全翁①言，潞州②有一农夫，五世同居。太宗③讨并州，过其舍，召其长，讯④之曰："若⑤何道而至此？"对曰："臣无他，唯能忍耳。"太宗以为然⑥。

【注释】

①张全翁：北宋时人，生平事迹不详。此事见载于北宋王得臣的《麈史》，其文为："张翁朝议为予言：'潞州有一农夫，五世同居。太宗讨并州，过其舍，召其长讯之曰：若何道而至此邪？其长对曰：臣无他，惟能忍耳。'"南宋吴曾《能改斋漫录》卷四"辨误"中认为此事与唐代张公艺事同。②潞州：今山西长治。③太宗：宋太宗，本名赵匡义，后因避其兄宋太祖讳改名赵光义，即位后改名赵炅。④讯：问。⑤若：你。⑥以为然：认为很有道理。

【译文】

张全翁说，潞州有一个农民，他家中五世同堂。宋太宗讨伐并州时，路过这家，召见他家长辈，问道："你有什么办法让五代人和睦地住在一起呢？"老人家回答说："我没有其他办法，只是能互相忍让。"太宗认为他说的很有道理。

【延伸阅读】

人是社会的动物，具有多面的性格。很多人会有这样的印象，即一个人在外面表现得乖巧，待人处事也很仗义，但回到家中却叛逆暴躁，做事极无耐心，同样一个人，在内在外的表现可以截然相反。然这一切并不是我们的人格分裂，而实在是人性中的惰性使然。一般人身在社会之中，就如同是演员登上了舞台，感觉一切都有了规范的约束，虽然这种规范并非法律上的强制，但却对个体行为产生了很明显的正面影响。一个显然的现象就是，大多数的人在公众场合都会比较文明，行为举止都会比较注意；而如果是一个人独处，身边没有了他人的关注，很多人不见得都能做到自律。与社会中的约束不同，回到家中，很多人都会感觉身心放松，而且觉得面对的是知根知底的家人，也就不大讲究了。中国俗话常说"一家人就不必太客气""太客气反而显得见外了"，然而正是在这种不讲究、不客气的心态下，我们很多无心的行为和言语，反而带给了家人深深的伤害。于是家人之间便产生了距离，若不加修复，

这道裂缝便愈演愈烈，最后兄弟反目，父子暌隔。家庭甚至家族的最终分裂，大体就是如此。然而也有一些家族数代同堂，男女老幼其乐融融。而这种和谐的良性关系的得来，除了彼此的"亲"之外，还有彼此之间的"敬"。然而无论是"亲"还是"敬"，其本质都是"忍"，即给彼此之间留有余地和空间，不轻易去侵占，也不过多干涉。所以古代的模范夫妻，通常都有一个共性，即相敬如宾。从春秋时期晋国贵族的冀缺夫妇到汉代名士梁鸿伉俪，都是如此。因为能忍，就会对对方的行为多持肯定，而不会过分挑剔；即便是否定，也都会从友善的立场予以同情的理解，而不会心存芥蒂。当然这一切都是以"亲"为前提的，因为是一家人所以大家才走到了一起。宋代老者的"忍"字诀，虽然直白，但却道出了很多家庭和睦的秘密，毕竟"忍"是不分内外的，在某些时候，在亲人之间，"忍"更为重要。

九世同居

【原典】

张公艺①九世同居，唐高宗临幸②其家。问本末③，书"忍"字以对。天子流涕，遂赐缣（jiān）帛④。

【注释】

①张公艺：郓州寿张（今山东阳谷）人，生于北齐承光二年（578），卒于唐仪凤元年（676），历北齐、北周、隋、唐四代，寿九十九岁。此事详见《旧唐书》卷一百八十八。②唐高宗：李治（628～683），唐朝第三任皇帝，字为善，唐太宗李世民第九子，其母为长孙皇后，为嫡三子。临幸：谓帝王亲临。③本末：原委。④缣（jiān）帛：一种光洁细薄的丝绢。

【译文】

张公艺一家九世同堂，唐高宗亲自光临他家。问他何以能九世同堂，张公艺在纸上写了一个大大的"忍"字回答唐高宗。唐高宗感动得流下眼泪，于是赏给了他家很多绸缎。

【延伸阅读】

如果问帝王家好还是平民家好？很多人都会毫不犹豫地选择帝王家。因为在一般人的印象中，帝王是一国之中的最高权位者，他拥有无上的权力和财富。《诗经》中的名句"普天之下，莫非王土，率土之滨，莫非王臣"，将古代帝王的无往不在的影响，描绘得入木三分。然而帝王家真的事事如意、件件顺心吗？历史上无数的例子告诉我们，不少末代帝王的子弟，在遭遇外敌的来袭，无力自保而成为待罪的羔羊时，便会凄然感叹为何要生在帝王家。帝王家的多灾多难，不仅表现在家族外的觊觎力量不断来袭，还表现在自家内部的各派势力争权夺利。这都是要付出代价的，不少是生命的代价。就唐代而言，高宗的父亲李世民，就是通过发动玄武门之变，夺得帝位的。在这次政变中，他们兄弟兵戎相见，自相残杀，他的宝座沾满了亲人的鲜血。想必高宗即位也不见得顺心，反对的声音，肯定一直都存在。从这个意义上说，高宗听人说"忍"，才会流涕以对。"忍"虽然很重要，但有时候又很难执行，对于帝王将相、高官巨贾的家庭而言尤其如此。名利是与亲情相斥的。因为权位和财富的客观存在，使得固有的人伦关系严重弱化，甚至于退化。个人的力量在家族的庞大氛围中，显得微不足道。于是便出现了如下的情况，即个体即便忍让，很多时候也于事无补。因为名利是严重排他性的，它只要求独享，而拒绝共荣。在这样的环境中，大家除了拼抢之外，实在是别无出路。然而和谐关系在寻常百姓家是存在的，因为他们内部并没有悬殊的权位之争，亲情成了大家关注的重点和核心，个体的忍让可以大有作为。我猜想，高宗的流涕，心情是很复杂的，既想以忍来换得家庭的和睦，但身为帝王，这种忍又是不可行的，你死我活的现实，不允许他有多少忍的余地。从这个意义上说，"忍"也有它的盲区，至少帝王家就是一处。

置怨结欢

【原典】

李泌、窦参器李吉甫①之才，厚遇之②。陆贽③疑有党④，出为明州刺史。贽之贬忠州⑤，宰相⑥欲害之，起吉甫为忠州刺史，使甘心焉。既至，置怨⑦，与结欢⑧。人器重其量。

【注释】

①李泌、窦参器李吉甫：李泌（722～789），字长源，唐京兆（今陕西西安）人。历仕玄宗、肃宗、代宗、德宗四朝，德宗时，官至宰相，封邺县侯，世人因称李邺侯。窦参（733～792）：字时中，平陵（今陕西咸阳西北）人。以门荫累官御史中丞。参习法令，通政术，"为人矜严悍直，果于断"，唐德宗时为宰相。器：器重。李吉甫（758～814），字弘宪，赵郡（今河北赞皇）人，唐宪宗时宰相，地理学家、政治家、思想家。此事详见《新唐书·李吉甫传》。②厚遇之：对他很好。③陆贽（754～805）：字敬舆，苏州嘉兴（今属浙江）人，唐代政治家，文学家。大历八年（773）进士，中博学宏辞、书判拔萃科。德宗即位，召充翰林学士。贞元八年（792）出任宰相，但两年后即因与裴延龄有矛盾，被贬充忠州别驾，永贞元年（805）卒于任所，谥号宣。④党：结成团伙。⑤忠州：即今忠县，位于重庆市中部。⑥宰相：时任宰相为裴延龄。⑦置怨：抛弃怨恨。⑧结欢：结为友好。

【译文】

李　　宾参很器重李吉甫的才能，所以对他很好。陆贽怀疑他　结党营私，就将李吉甫外放为　州刺史。后来陆贽被贬到忠　，宰相裴延龄想害死他，特　任命李吉甫为忠州刺史，以　假手李吉甫来报复陆贽，让　称心如意。然而李吉甫一到　州，便抛弃了往日的怨恨，与陆贽结成好朋友。人们都称赞李吉甫度量很大。

【延伸阅读】

李吉甫是唐代著名的政治家，他雄才大略，建树颇多，这样一个王佐之才，自然不会斤斤计较那些早年的私人恩怨。当然李吉甫也并非乡愿之人，对于他人的过错，也不见得会全盘认同。换句话说，大度之人必定懂得应该对什么人开放，在云谲波诡的官场，尤其如此。理论上说，大官应该有大度，因为他要领导很多人开展工作。然而这句冠冕堂皇的愿景，往往流为官场上的托词，因为勾

心斗角、相互倾轧才是他们的生存常态。对于不该宽容的人宽容，人们称之为暗昧无识，是好心意错施了对方，所谓"明珠暗投"说的就是这个意思。《伊索寓言》中的农夫和蛇的故事，就告诉我们蛇本质就是蛇，既然是蛇就会咬人，对于这样的冷血动物，是不能心存妇人之仁的，否则后果就是遭其反噬，严重的还会毙命。对于官场的险恶，李吉甫自然是深谙其道的，宰相裴延龄人品不佳亦为人所共知，他要假手自己来达到一箭双雕的好算盘，李吉甫也是心知肚明。然而李吉甫毕竟是正直的官员，他还分得清孰是孰非。早年陆贽对自己的贬斥，实在是替君分忧、为国着想，并非是出于私心恩怨，因此这笔帐不能算到陆贽个人的头上。所以李吉甫没有理由怨恨陆贽。丞相裴延龄则显然是不怀好意，他起用李吉甫完全是出于私心，既能达到打击政敌的目的，同时还能送李吉甫一个大大的顺水人情。无论如何对于裴延龄来说都是好事，而对于李吉甫却是一个美好的陷阱。李吉甫最后是"置怨结欢"，选择了陆贽而拒绝了丞相，后果是"人益重其量，坐是不徙者六岁"。李吉甫的故事告诉我们，宽容并非是泛滥的无所限制，聪明的人应该知道，大度也要选择好的对象，对值得大度的人才施与大度，否则就会误人害己，满盘皆输。

鞍坏不加罪

【原典】

裴行俭尝赐马及珍鞍^①，令吏私驰马，马蹶（jué）^②鞍坏，惧而逃。行俭招还，云："不加罪。"

【注释】

①裴行俭（619～682）：绛州闻喜（今山西闻喜东北）人，隋将裴仁基之子，唐高宗时名臣。此事详见《新唐书·裴行俭传》。珍鞍：珍贵的马鞍。②蹶（jué）：跌倒。

【译文】

裴行俭曾经得到皇帝赏赐的宝马和珍贵的马鞍，一名小官偷偷地骑他的马，马跑得很快跌倒了，毁坏了马鞍，小官吓得逃跑了。裴行俭派人将他找回来，说："不会加以惩处。"

【延伸阅读】

大罪尚能偷生，小过可以致命，碰到昏暗的官吏，类似的事情是很容易发生的，小过难逃干系的事情，也是寻常得见的。在中国这个深受儒家文化浸润的国度，由血缘亲疏的家庭伦常而外化到国家天下，其间最重要的因素就是人情。中国自古就不缺少法，但人们对人情往往不吝赞辞，重人情的儒家多为人所褒扬，而守规矩的法家则常遭人唾弃。在当时的文化氛围中，对个体过错的处置，或大或小，或宽或松，很大程度上取决于官吏的主观情感，喜、怒、哀、乐，往往一念之间改变人的生死。贤德的官员通常多会大事化小，小事化了；而酷吏则多会深文周纳，制造事端。前者见出仁厚，后者显露私心。所以历代的老百姓都期盼"青天大老爷"，大体也是上述的心理使然。中国古代因小事而丧命的，最典型的莫过于《十五贯》，因一点小钱而致多人丧命。故事虽然多重巧合，但其主旨不过是要世人明白，小错也是可以铸成大恨的。当然故事中这个意外损坏马鞍的小吏还是十分幸运的，因为他的领导恰好是一位贤达长者。裴行俭是唐代难得的贤臣良将，他见识极广，度量极大，也是儒家的忠实信徒。史书称，"行俭幼引荫补弘文生。贞观中，举明经，调左屯卫仓曹参军"。在小吏损坏将军的珍贵马鞍后，他担心获罪而选择了逃亡，这背后当然有小百姓一贯的惧官心理，但殊不知，天地之大又哪里有他的藏身之处呢？幸运的是，他的长官饶恕了他，裴行俭也因此获得了后人宽宏大量的赞誉。古代小人物的命运，完全系于长官的一念之间！悲耶？喜耶？

万事之中，忍字为上

【原典】

唐光禄卿王守和①，未尝与人有争。尝于案几②间大书"忍"字，至于帏幌③之属，以绣画为之。明皇知其姓字非时④，引对⑤曰："卿名守和，已知不争。好书忍字，尤⑥见用心。"奏曰："臣闻坚而必断，刚则必折，万事之中，'忍'字为上。"帝曰："善。"赐帛⑦以旌之。

【注释】

①光禄卿：官名。掌宫廷宿卫及侍从，北齐以后掌膳食帐幕，唐以后始专司膳食。王守和：生平不详。此事见载于五代王仁裕撰《开元天宝遗事》卷四，原题为"忍字"。②案几：长桌子，也泛指桌子。③帏幌：帐子、帷幔等悬挂物。④明皇：唐玄宗李隆基。非时：不满时政。⑤引对：指被皇帝召见问询。⑥尤：特别。⑦帛：丝织品的总称。

【译文】

唐代光禄卿王守和，从不与人发生争执，曾在书桌上写了一个很大的"忍"字，帏帐之中也绣了"忍"字。唐明皇认为王守和的姓氏和名字好像是诽谤当时的政治，于是召见问道："你的名字叫守和，已经知道你不喜欢争斗；现在又喜欢写'忍'字，更看出了你的用心所在。"王守和回答说："我听说坚硬的东西容易被折断，万事之中，以忍为先。"唐明皇称赞道："好。"并赏赐他锦帛以示表彰。

【延伸阅读】

西汉大儒刘向曾经讲过这样一个故事："叶公子高好龙，钩以写龙，凿以写龙，屋室雕文以写龙。于是天龙闻而下之，窥头于牖，施尾于堂。叶公见之，弃而还走，失其魂魄，五色无主。是叶公非好龙也，好夫似龙而非龙者也。"（《新序·杂事五》）这就是著名的"叶公好龙"。但凡那些嘴上说得很好的人，往往在行动上得不到践行，口惠而实不至，言行相违对很多人来说，是真实存在的状态。不单如此，按照心理学上的说法，人缺乏什么往往会刻意追求什么，所以才会有坊间常说的话，即自负的人其实就是自卑的人，而自

卑的人往往表现得很自负。王守和处处书"忍"，大体也是如此。因为故事是这样叙述的，即作者先下一"未尝与人有争"的论断，然后才说王守和曾经有过"大书忍字"的生活细节。然而"不争"与"书忍"，何者在先何者在后，意义却大不相同。若"书忍"在前，则"未尝与人争"是"忍"的结果；若"未尝与人争"在前，则"书忍"就纯属多余，且毫无意义。所以我们有理由断言，王守和应该是在社会上因为不忍吃了苦头，所以才下定决心要"忍"。一如社会上很多年轻人，碰壁、挫折之后，也会在手臂上写上大大的"忍"字。不过王守和的动静更大，以至于惊动了皇帝，这大概是王守和始料未及的事。不过王守和的"忍"并非硬性没来由的"忍"，他在老子哲学说中找到了理论依据，谦卑柔下，弱能胜强，本质都是忍。有意思的是，唐代的几任君王都很推崇"忍"，如之前的太宗、高宗，以及此处的玄宗。或者在他们看来"忍"其实就是不争，其根基就是老子哲学，而老子正是唐代官方极力宣扬的。所以唐代多"忍"者，或者也与上述时代背景有密切关系。

盘碎，色不少吝

【原典】

裴行俭初平都支、遮匐①，获瑰宝不赀（zī）②。番酋③将士观焉。行俭因宴，遍出示坐者。有玛瑙盘二尺，文采粲（càn）然④。军吏趋跌，盘碎，惶惧，叩头流血。行俭笑曰："尔非故⑤也。"色⑥不少吝⑦。

【注释】

①都支、遮匐：阿史那都支、李遮匐，西突厥首领。西突厥阿史那步真可汗去世后，各部落多有散失，酋长阿史那都支、李遮匐，收集余众，附于吐蕃。调露元年（679），李遮匐和都支与吐蕃联合，攻打安西都护府，被裴行俭所平定。②不赀（zī）：不计其数。③番酋：少数民族首领。④粲（càn）然：鲜明发亮的样子。⑤故：故意。⑥色：脸色，神情。⑦吝：惋惜。

【译文】

裴行俭从前平定阿史那都支、李遮匐叛乱的时候，缴获敌人大量的宝物。少数民族的首领和麾下的将士们都很想观赏。裴行俭于是大摆宴会，席上将这些宝物全都拿出来给他们观赏。其中有一件玛瑙盘，二尺长，文采绚烂，十分漂亮。士兵捧着它不小心跌倒，盘子摔碎了。这个士兵很害怕，跪在地上直磕头，头都流血了。裴行俭笑着说："你并不是故意的呀！"脸上并没有流露出丝毫吝惜的表情。

【延伸阅读】

每个人都有自己最珍视的东西，有的人好古董，有的人好字画，但是不同的人对宝物的态度上却千差万别。据说鲁迅特别好书，对于自己的书修缮珍藏，不肯示人；而陈子昂则性格豪爽，曾经重金购得古琴，却将之摔毁，不以为意。古人常说"玩物丧志"，其实"玩物亦可见志"。裴行俭无疑是一个器量宏伟、达观远视的人。他对于常人视为珍宝的物品，得之不为喜，失之不为悲，言笑自若，淡然处之。相比那些为了搜求宝贝，不惜动用军队的人来说，两者之间的差距不可以道里计。春秋时期楚国令尹子囊，求蔡侯的狐裘尺璧不得，而将其囚禁三年；战国时期秦国，为了得到赵国的

和氏璧，甚至挥师东进，不惜挑起战争。类似的因玩物而丧命的例子举不胜举，反倒是玩物而不丧志的人，却殊为少见。裴行俭恰恰就是这种"玩物不丧志"的人。他不吝惜宝物的事件不限于此，在之前的令吏坏珍鞍的故事中，我们也看到了类似的描述。中国传统文化特别推重士人，尤其推重贤人，视其为国家真正的宝贝，即便刻薄寡恩的法家信徒李斯，也在《谏逐客书》一文中，充分阐释了这一观点。然而很多人对此并无真心感受，所以在现实生活中依然是重物轻人、因物废人。重物还是重人，紧张还是放达，不仅仅是一种简单的个人习惯，而实在是一种严肃的人生境界。这个故事虽然旨在表现裴行俭的宽容，但我们却看到裴行俭的处事宽容的背后，还有着他对于宝物的独特价值判断，这种独特的价值观，才是他面对宝物被毁，而神色不变的重要内因。

不忍按

【原典】

许圉师①为相州刺史，以宽治部。有受贿者，圉师不忍按②，其人自愧，后修饬（chì）③，更为廉士。

【注释】

①许圉师：安州安陆人（今湖北安陆）人。进士出身，博学多才。显庆二年（657），累迁黄门侍郎、同中书门下三品，兼修国史。显庆三年（658），以修实录功封平恩县男，赐物三百段。龙朔中四迁为左相。后因事贬为相州（今河南临漳）刺史。上元中，再迁户部尚书。仪凤四年（679）卒。许圉师的孙女许紫烟（一名许萱），是大诗人李白的第一任妻子。《旧唐书》卷六十三有传。②按：查办。③修饬（chì）：整顿、修改。

【译文】

许圉师在任相州刺史的时候，对待部下宽厚仁慈。有一个官吏受了贿，许圉师不忍心追究他，这个人自己感到惭愧，后来修身养性，变成了一个廉洁的官吏。

【延伸阅读】

刘备在《遗诏》中对后主刘禅谆谆教诲道："勿以恶小而为之，勿以善小而不为。"这真诚的建议中浸润了他多年的人生体验，然而刘禅未必能够听得进去，后代的许多人同样不能够听进去，所以我们才会经常听到对"小恩小惠"的抱怨和不屑，甚至于还会有"走自己的路，让别人无路可走"这样的戏谑。然而实际上对于绝大多数人来说，人生中需要去做大事的概率很低，他们绝大部分的时光都消磨在小事上。所以小事不见得就小，而大事不见得就大，大小全视个人的具体情形而定。从古代的诸多历史来看，很多人早先无心种下的小惠，若干年后却结出了善果。许圉师善待下属是一个例子，而更著名的还有楚庄王灭烛掩饰臣子的事。楚王有一次宴请诸将，在酒酣耳热之际，有人在黑暗中拉了楚王妃子的衣服，却被妃子摘下了头盔上的帽缨，美人要楚王予以惩罚，但楚王不肯，他说："赐人酒，使醉失礼，奈何欲显妇人之节而辱士乎？乃命左右曰：今日与寡人饮，不绝冠缨者不欢。"三年后楚晋交兵，有一员楚将异常勇猛，原来就是当初楚王宽恕之人。楚庄王一次对部下小过错的大度之举，却换来了一位忠心耿耿的猛将。虽然这种小恩结出善果的概率不见得很多，但对善良大度的人来说，他更愿意相信人的本质是善良的，于是愿意给别人更多改正的机会。俗话说的好"人非圣贤孰能无过"，何况圣贤也会犯错呢！从这个意义上讲，许圉师法外开恩的做法，虽然有失体统，但也有他值得赞许的地方。毕竟现实中不是所有的问题都可以用法律来解决的，人情始终有它存在的市场。古人曾说"道虽近不行不至，事虽小不为不成"，对于我们来说，付诸实践才是关键。

逊以自免

【原典】

唐娄师德，深沉有度量，人有忤①己，逊以自免，不见容色②。尝与李昭德③偕行，师德素丰硕，不能剧步④，昭德迟之，恚（huì）⑤曰："为田舍子⑥所留。"师德笑曰："吾不田舍，复在何人？"

【注释】

①忤：冲撞，触犯。②容色：脸色，神情。③李昭德（？—697）：雍州长安（今陕西西安）人。唐朝大臣，如意元年（692）拜凤阁侍，同凤阁鸾台平章事（宰相）。《新唐书》卷一百三十有传。④剧步：快步走。⑤恚（huì）：生气，愤怒。⑥田舍子：乡下人。

【译文】

唐朝娄师德，性情稳重，很有度量。别人触犯了他，他却自己做检讨，不表现出愤怒之色。他曾经与李昭德一起外出，娄师德一向身体肥胖，所以不能快步走路，李昭德认为他太慢了，埋怨地说道："被种田的粗汉耽搁了。"师德笑着回答："我不做种田人，谁去做呢？"

【延伸阅读】

真正有才能之人，总是把自己的能力隐藏起来，不让其外泄，就像舜、禹、刘昆等都是矜持稳重之人。矜持地为人处世，更能让你左右逢源。在这个指挥欲强烈的社会里，如果你想把事办成，就需要你

秋江载酒
少梅

以矜持的姿态出现在对方面前，表现得谦虚、平和、憨厚，甚至毕恭毕敬，让对方觉得比你聪明，在谈事时也就会放松自己的警惕性，这正是促使你成事的大好时机。

成大事的人务必要在别人面前表现矜持，从而让对方从心理上得到一种满足，产生与你合作的愿望。当你表现出大智若愚来使对方陶醉在自我感觉良好的气氛中时，你就已经受益匪浅了，接下来的事情都会顺着你的意思发展下去。

唐代的杜审言，字必简，是杜子美的祖父。襄州人。唐中宗时做修文馆学士。因为有才就很傲慢，曾对人说："我的文章很好，应让屈原、宋玉来做我的衙役，我的字足以让王羲之北面朝拜。"

这样夸耀自己，后人都说他自夸自大，说话太狂，并不认为他有什么好的。因为一般公认屈原、宋玉的文章，超过古今一切文章，王羲之的字，也是天下举世无双的好字。

人是一种很奇妙的动物，奇妙之处在于人的多面。人因为身处社会之中，拥有多重身份，需要扮演多种角色，所以养成了多样的性格，褒扬的说法是"八面玲珑""长袖善舞""举止得体"；贬义的说法就是"口蜜腹剑""阳奉阴违""见人说人话，见鬼说鬼话"等。连孔子都感叹人心难测："唯女子与小人为难养也，近之则不逊，远之则怨。"对于很多人来说，他可以自我贬损以示谦虚，但是同样的话，如果出自别人之口，就一定会招致直接或间接的怨恨，虽然被说者当时可能还会笑颜以对，但心底往往是恨之入骨。娄师德的不可及处，正在于他对于别人直白的抱怨，非但不以为意，而且还巧化冲突，让说者轻松走出尴尬。我们之所以说他是真心的不计较，是因为娄师德很多时候都是如此。或许是他的好脾气，才让他心宽体胖？或许李昭德正是看准了他是不计较的人，所以才会不顾忌地说出那样难听的话来？或者两者兼而有之。对于一个功勋卓著的朝中高官来说，什么话最难听？大体是否定他的才能，诋毁他的人品，揭穿他的出身，最难堪的莫过于说他是乡下人。"田舍子"就是"乡下人"的意思。一位堂堂的大员被人讥讽为乡下人，无论如何都是很丢脸的事。不要说是在官场，就是放到普罗大众，对普通人来说，此话一出，也必定会引起轩然大波。然而娄师德却笑颜以对："我不做种田人，谁去做呢？"虽然无论是李昭德还是娄师德，两人在此处所说的"田舍子""田舍"，其实只是因为娄师德曾经管理过农耕，且措施得法，成效甚高，所以才被李昭德如此善意地调侃。不过话说回来，同样的话是可以多种听法的，所谓"说者无心听者有意"，善良宽厚的人会听到善意，而狭窄忌刻的人则会听出嘲讽，娄师德显然是属于前者。

盛德所容

【原典】

狄仁杰①未辅政，娄师德荐之。后②曰："朕用卿，师德荐也，诚③知人矣。"出其奏。仁杰惭，已而叹曰："娄公盛德，我为所容，乃知吾不逮④远矣。"

【注释】

①狄仁杰（630～700）：字怀英，并州太原（今山西太原南郊区）人。唐代杰出的政治家，武则天当政时期出任宰相，以不畏权贵著称。《旧唐书》卷九十三有传。②后：指武则天。③诚：确实。④不逮：不如，比不上。

【译文】

狄仁杰还没有做宰相时，娄师德向武则天推荐了他。武则天对狄仁杰说："我之所以用你，是由于娄师德推荐了你，娄师德的确知人善用啊！"并将娄师德的推荐书拿给狄仁杰看。狄仁杰很惭愧，感叹地说："娄师德道德高尚，我是他所推荐的，却说了不少批评他的话，我知道我是远远比不上他啊。"

【延伸阅读】

时下有关狄仁杰的影视剧正在各地热播，狄大人与跟班李元芳的对话桥段，还成了网络微博上的热门，一时间满街人都说"元芳体"。

无论是电视剧《神探狄仁杰》中的老年持重，还是电影《通天帝国》中的年轻英挺，狄仁杰在大众印象中都是一位文武全才、聪明睿智的近乎完美的形象。然而从常理上讲，太过完美的事物，未免显得不真实，人无完人的古训让我们明白，其实完人是不存在的。历史上的狄大人虽然才气过人，但同样也有作为人的弱点。诸如恃才傲物，揭人之短，在他身上都有鲜明的呈现。狄仁杰因为娄师德的举荐，才得以登上宰相的高位，然而他对此并不知情，仗着自己出色的才华，他以为这一切的得来都理所当然，所以自信满满地对自己的恩人横加指责，当然他是在不知情的迷局中做出上述反应的。然而从旁观者来看，狄仁杰的上述举动，实在是过河拆桥的小人之举。或许是武后觉得实在看不下去了，所以才点醒谜中人，没有让狄仁

杰走得更远。虽不好说狄仁杰对娄师德的指摘，是出于私人恩怨，即便是因公而论，狄仁杰所为也与传统的美德相悖，因为恩将仇报无论如何都是为人处世的大忌。难得的是娄师德对于狄仁杰十分包容，并无责怪之意。两相比较，难怪狄仁杰会发出"乃知吾不逮远矣"的感叹。这也让我们想到伯乐和千里马的关系，感受到真正的知音实在难觅。因为很多时候，伯乐发现了千里马，使得他脱颖而出，但千里马往往不识隐藏在幕后的伯乐。兼之通常伯乐虽有识人之才，却不见得有济世之能，故难免与所荐的才气过人的千里马产生龃龉，于是恩将仇报的故事便一再重演。比如管仲就是因为鲍叔牙的举荐，才得以从待死的囚徒，一跃成为齐桓公的辅弼大臣，最终成就了齐桓公的霸业，也成就了自己的盛名。然而管仲对于自己的伯乐鲍叔牙也颇有微词，他在临终之前，齐王询问执政的继任者，提及鲍叔牙，管仲说："不可。其为人洁廉，善士也；其于不己若者，不比之；又一闻人之过，终身不忘。使之治国，上且钩乎君，下且逆乎民。其得罪于君也，将弗久矣。"知恩图报的人很常见，但施恩不图回报的人却少闻，则唐人娄师德其有是焉！

含垢匿瑕

【原典】

晋陈骞^①，沉厚有智谋，少有度量，含垢匿瑕^②，所在存绩^③。

【注释】

①陈骞（211～292）：字休渊，临淮东阳（今安徽天长）人，曹魏司徒陈矫之子。西晋开国功臣，官至大将军。此事详见《晋书·陈骞传》卷三十五。②含垢匿瑕：容忍别人的侮辱，掩藏他人的不足。③存绩：做出成果。

【译文】

晋代的陈骞，性情稳重宽厚，有智谋。少年时就有度量，能够忍住委屈，宽恕他人。做任何事都很有成就。

【延伸阅读】

《论语》中记录了孔子多次论"器"的内容，他说："君子不器。""管仲之器小哉！""子贡问曰：'赐也何如？'子曰：'汝器也。'曰：'何器也？'曰：'瑚琏也。'"孔子所说的"器"，大多是指一个人的器量。俗话说"江山易改，本性难移"，意思是说性格具有先天性，然而无数的例子证明，性格还是可以调整的，相比较而言，一个人的胸襟气度却很难改变。正如一丛荆棘灌木，无论土壤如何肥沃，气候如何适宜，都不可能长成参天大树，它的个头受到了"器"的影响，这是与生俱来，不可变化的。一个人的器量，虽然不至于如树那样不可调节，但后天修养所能达到的效果实在有限。孟子说他四十不动心，因为他善"养气"，善养"浩然之气"，但他所养的也只是心境之气，而非度量之器。所以一个人将来能够成为什么，完全是受其与生俱来的器量限制。虽然大器之人不见得都能成大器，但成大器的无论如何都不会是器小之人。所以中国一句古话"三岁看到老"，关注的重点大概也就是人的"器"。唐代裴行俭正是这么看人的，史书中记录了如下的故事："李敬玄盛称王勃、杨炯、卢照邻、骆宾王之才，引示行俭，行俭曰：'士之致远，先器识，后文艺。如勃等，虽有才，而浮躁浅露，岂享爵禄者哉？炯颇沉嘿，可至令长，余皆不得其死。'"陈骞的成才所在皆因他的度量，年少而有度量，正说明"器"的先天性特征。史书称，"骞沈厚有智谋。初，矫（陈骞的父亲陈矫）为尚书令，侍中刘晔见幸于魏明帝，谮矫专权。矫忧惧，以问骞。骞曰：'主上明圣，大人大臣，今若不合意，不过不作公耳。'后帝意果释，骞尚少，为夏侯玄所侮，意色自若，玄以此异之。"因为大器，所以能够容纳百川，对于诸多外在的压力，天然具有优越的心理承受力，所以必定能够忍受委屈；因为是大器，所以多半会理想高远，而高远理想的下面必定是博大的人格，正如高楼之下必有坚厚的地基一样。孔子说人有三种类型，即生而知之者，学而知之者，困而知之者。陈骞或者就是第一种人。

未尝见喜怒

【原典】

唐贾耽①，自朝归第②，接对③宾客，终日无倦④。家人近习⑤，未尝见其喜怒之色，古之淳德⑥君子，何以加⑦焉？

【注释】

①贾耽（730～805）：字敦诗，沧州南皮（今河北南皮）人。唐朝著名政治家、地理学家。于天宝中举明经，贞元中历尚书右仆射同中书门下平章事，封魏国公，顺宗即位，进检校司空左仆射，谥号元靖。事详《旧唐书·贾耽传》。②归第：回府。③接对：接待应对。④倦：疲乏。⑤近习：亲近熟悉的人。⑥淳德：淳厚的德行。⑦加：超过。

【译文】

唐朝贾耽，退朝回家后仍不停地接待宾客，终日没有倦色。家中的人更了解他的生活情况，从未见过他有欢喜和愤怒的表情。古代道德淳厚的人，也不过如此吧！

【延伸阅读】

《中庸》说："莫见乎隐，莫显乎微，故君子慎其独也。"人在公众场合，大体会比较守规矩，因为感觉到他人的存在，所以行为也会收敛不少。然而一旦这种外在的约束消失，很多人就不见得能够自觉自我约束，所以才会经常出现"表面一套，背后一套"的现象。古代的圣贤正是看到了人性中的这种弱点，于是特别提醒人们，要想成为名副其实的君子，就得在"慎独"方面下足功夫，做到一个人的时候也好像身处人群中，感觉是在众目睽睽之下说话办事。世人常说"举头三尺有神明"，意思是做人要凭良心，干坏事虽然别人看不见，但什么都逃不过神灵的眼睛。儒家的"慎独"也是同样的意思，只不过一个有神，一个无神罢了。说慎独容易，然行慎独很难。贾耽无疑是一位慎独主义者，史书说他"家人近习，未尝见其喜怒之色"。人的生活大体分为两类，一类是社会的，一类是家庭的，前者属于外，而后者属于内。通常个体的弱点秘密，在家中都无法遁形，因为天天在一块，很难保存隐私。时下里一些官员的败露，不少都是祸起萧墙，虽然官员的生活对外人是隐私，但在家人面前却是透明的。所以贾耽能够做到连家人都看不出变化，难怪史官要感叹"古之淳德君子，何以加焉"？所以有人说，看一个人好不好，先得看他在家中的表现。一个家中口碑很差的人，在外面表现得即便再好，也要大打折扣。对于一般人来说，偶尔几次做到慎独并不难，难的是持之以恒。然而对于真正的慎独者而言，一贯的坚持原本就是它自身的应有之义。

语侵不恨

【原典】

杜衍曰①："今之在位者，多是责人小节②，是③诚不恕也。"衍历知州，提转④安抚，未尝坏⑤一官员。其不职者，委之以事，使不暇惰；不谨者，谕以祸福，不必绳之以法也。范仲淹⑥尝与衍论事异同，至以语侵杜衍，衍不为恨。

【注释】

①杜衍（978～1057）：字世昌，越州山阴（今浙江绍兴）人。北宋大臣。大中祥符元年（1008）进士。历仕州郡，以善辨狱闻。宋仁宗特召为御史中丞，兼判吏部流内铨。改知审官院。庆历三年（1043）任枢密使，次年拜同平章事，为相百日而罢，出知兖州。以太子少师致仕，封祁国公。年八十卒，追赠司徒兼侍中，谥号正献。《宋史》卷三百一十有传。②小节：小过错。③是：此。④提转：升迁转任。⑤坏：贬斥，褫夺。⑥范仲淹（989～1052）：字希文，祖籍今陕西彬县，先人迁居苏州吴县（今江苏苏州）。北宋著名的政治家、思想家、军事家和文学家。他为政清廉，体恤民情，刚直不阿，力主改革，屡遭奸佞诬谤，数度被贬。皇祐四年（1052）病逝于徐州，终年六十四岁。追赠兵部尚书，谥号文正。《宋史》卷三百一十四有传。

【译文】

宋代的杜衍说："如今当权在位的人，大多数都喜欢指责别人的小过错，这确实是没有宽恕之心。"杜衍从做知州到担任安抚使，从来没有贬斥一位官员。对那些不称职的官员，就让他们多干实事，不让他们闲下来养成懒惰的习惯；对那些行为不谨慎的官员，用不谨慎会导致祸患的道理教育他们，不一定非要用法律来惩罚他们。范仲淹曾经与他讨论事情意见不一致，以至于用语言伤害了他，他也不记恨。

【延伸阅读】

真正的心怀大志者，应该不因小事而去与人结怨，更应该努力做到以德报怨。

宽大自己的仇人，仇人会良心发现，必会找机会相报；反之，冤冤相报，将永远也没有一个终点。

一位画家在集市上卖画，不远处，前呼后拥地走来一位大臣的孩子，这位大臣在年轻时曾经把画家的父亲欺诈得心碎而死。这孩子在画家的作品前流连忘返，并且选中了一幅，画家却匆匆地用一块布把它遮盖住，并声称这幅画不卖。

从此以后，这孩子因为心病而变得憔悴，最后，他父亲出面，表示愿意付出一笔高价。可是，画家宁愿把这幅画挂在自己画室的墙上，也不愿意出售。他阴沉着脸坐在画前，自言自语地说："这就是我的报复。"

每天早晨，画家都要画一幅他信奉的神像，这是他表示信仰的唯一方式。可是现在，他觉得这些神像与他以前画的神像日渐相异。这使他苦恼不已，他不停地找原因。然而有一天，他惊恐地丢下手中的画，跳了起来：他刚画好的神像的眼睛，竟然是那大臣的眼睛，而嘴唇也是那么的酷似。他把画撕碎，并且高喊："我的报复已经回报到我的头上来了！"

这个故事告诉我们，一个人若心存报复，自己所受的伤害会比对方更大。报复会把一个好端端的人带到疯狂的边缘，报复还能把无罪推向有罪。

国人常说为人处世应"设身处地""多替别人着想"，凡事要"先从自身找问题""自己做不到就不能苛责他人"，这些日常习见的大众哲学，内中所蕴含的精义，就是孔子所倡导的"忠恕"。孔子有一次对学生曾参说："参乎，吾道一以贯之。"曾子曰："唯。"之后孔子出去了，其他门人就问曾参老师的话是什么意思，曾子回答说："夫子之道，忠恕而已矣。"（《论语·里仁》）忠，是对己而言，要求做事必须问心无愧；恕，是对人而言，要求得饶人处且饶人。前者务求严厉，后者倡导宽容。忠恕是基于人性本善之上的，充满人情味道的处世哲学，千百年来一直得到人们的遵行。然而对于这个经典的儒家教诲，不少人却存有很多的误解。"忠"且不论，单以"恕"而言，不少人就因模糊了它的界限，而将一个好好的忠告，变异成为一种令人厌恶的乡愿，即表面上虽宽容，心底里却嫉恨。对"恕"的运用若没有边界，也会使宽恕者成为一个没有原则的好好先生。所以就"恕"而言，杜衍因为理解得透，故而运用得当。杜衍说"责人小节，是诚不恕"，这正是看到了恕的真正位置，它不是无原则的宽容，而是仅限于"小节"，也就是所谓的小毛病，因为无关痛痒，且不会影响大局，所以长官就不必过于认真。这样才是真正的"恕"。杜衍和范仲淹因为论事意见不合，而遭范大人的人身攻击，但他没有生气，因为范的动机不是为己，故而他的过激言论就属于小事，当然就在应恕之列。"衍不为恨"正是对孔子"忠恕"原则的极好阐释。

释盗遗布

【原典】

陈寔（shí）^①，字仲弓，为太丘^②长。有人伏梁上，寔见，呼其子训之曰："夫不喜之人，未必本恶，习以性成^③，梁上君子是矣。"俄闻自投地^④，伏罪。寔曰："观君形状非恶人，应由贫困。"乃遗（wèi）^⑤布二端，令改过之，后更无盗。

【注释】

①陈寔（shí）：字仲躬，颍川许县（今河南长葛）人。东汉官员、学者。少为县吏都亭刺佐，后为督邮，复为郡西门亭长，四为郡功曹，五辟豫州，六辟三府，再辟大将军府。中平四年（187），年八十四，卒于家。何进遣使吊祭，海内赴者三万余人，制衰麻者以百数。共刊石立碑，谥为文范先生。此事详见《后汉书·陈寔传》。②太丘：古县名，治所在今河南永城西北。③习以性成：长期习惯于怎样的生活环境，就逐渐养成相应的习性。④俄：不久。投地：跳到地上。⑤遗（wèi）：赠送。

【译文】

陈寔，字仲躬，为太丘县令。一天，有一个小偷伏在屋梁上准备行窃，陈寔见到后，把自己的儿子喊过来，教训说："不好的人，并不一定是生性如此，乃是习惯所养成的，屋梁上的那一位就是这样的

83

忍经全鉴

拔翠平峰秋阳开
翠峰无限水涯
游客将下谋陶兀更落日壮流自赋
诗唐宗长元小梅陈玉彩

人。"一会儿，屋梁上的小偷跳下来，跪在地上认罪。陈寔说："从您的外貌上看，您并不是恶人，应该是由贫困造成的。"于是，赠给他两匹布，教他一定要改正。此后，这人再没有偷过东西。

【延伸阅读】

初读此故事，颇多疑惑，要么是小偷入行尚浅，要么是陈寔艺术高超，否则何以他的一场训子表演，竟然能让小偷主动认错？假设将陈寔换成自己，在同样的表演之下，能否让小偷就范呢？想想都觉得很悬。之后查对史书，读完全传，才恍然大悟。吴亮的选文多非原话，掐头去尾，省略了不少内容，虽然节文尚能连贯，但经不起推敲。陈寔此事就是如此。实际上，一个毫无资历的人，即便能口若悬河说得天花乱坠，也不见得有人买账，更不要说让小偷低头下跪了。因为小偷已经偏离了正轨，本就与常人有别。陈寔之所以能办到，正在于他此前已经攒下了极好的人品，赢得了极好的口碑。史书说："寔在乡间，平心率物。其有争讼，辄求判正，晓譬曲直，退无怨者。至乃叹曰：'宁为刑罚所加，不为陈君所短。'"用现代的话说，陈寔此时已经是一位德高望重的长者，作为名流拥有极大的社会影响力。史书说他"中平四年，年八十四，卒于家。何进遣使吊祭，海内赴者三万余人，制衰麻者以百数"。陈寔既然能撼动朝野上下的一些重要人物，对于乡间的一个小毛贼，自然是手到擒来。类似的故事我们在《左传》中也能找到，如晋灵公行事乖张，执政大臣赵盾多次进谏，惹得国君很不舒服，于是派人去刺杀赵盾，以图落个耳根清净。但是刺客来到赵家，见赵盾准备上朝，勤勉负责，很是感动，实在下不了手，但完不成任务也难交差，便一头撞死在赵盾家的槐树上。刺客之所以自尽，是震慑于赵盾的正直，正如小偷下梁自首，是感动于陈寔的真诚。但无论是前者还是后者，都有一个共性，就是他们都是很有影响力的人。世人往往只看到小偷主动认罪的结果，却看不到这个结果的得来，乃是陈寔多年来宽以待人的修炼所致。正所谓"台上一分钟，台下十年功"，魅力是需要踏实努力修成的，这才是整个故事的关键。

愍①寒架桥

【原典】

淮南孔旼（mín）②，隐居笃行③，终身不仕，美节④甚高。尝有窃其园中竹，旼愍其涉水冰寒，为架一小桥渡之。推此，则其爱人可知。

【注释】

①愍（mǐn）：同"悯"，哀怜，怜悯。②孔旼（mín）：字宁极，北宋人。睦州桐庐县尉孔询之曾孙，赠国子博士孔延滔之孙，尚书都官员外郎孔昭亮之子。自都官而上至孔子，四十五世。年六十七，卒于家。王安石作有《孔处士墓志铭》。③笃行：行为淳厚。④美节：高尚的节操。

【译文】

淮南人孔旼，在乡村隐居，行为正直，终身不做官，节操很高。曾经有人偷他竹园中的竹子，他可怜小偷过河寒冷，为他架了一座小桥，让他过去。由此可以推知他对别人的友爱。

【延伸阅读】

宋人沈括评价此事说："然余闻之，庄子妻死，鼓盆而歌。妻死而不辍鼓可也，为其死而鼓之，则不若不鼓之愈也。犹邴原耕而得金，掷之墙外，不若管宁不视之为愈也。"（《梦溪笔谈》）猜测沈括的意思，他对孔旻的行为也是颇有微词，大概认为主人公作秀表演的痕迹很重。沈括所说固然不错，但属于更高程度上的期许，正如孔子惋惜地说"管仲之器小哉"。因为在孔子看来，管仲才华出众，又遇到了贤明的齐桓公，原本可以干得更好，应该取得更高的成绩，但很遗憾他没有做到。若从事实本身而言，无论是管仲还是孔旻，已经表现得非常优秀了。因为孔旻不是名人，沈括对他的批评，就有着诸多别样的味道，即其中带有不少世俗的看法。世人看人看事，总是喜欢求全责备，坏人坏事责其坏倒也罢了，对于好人好事也百般刁难，诸如考究其动机，惋惜其成效，慨叹其缺陷等，一如沈括求全于孔旻，就未免不够厚道。我们总是喜欢站在道德的制高点上去衡量别人，理所当然地将自己视为全能的完人，对他人指指点点。然而事实上，我们中的很多人，却比自己批评的对象逊色不少。一旦置身于对方的环境，才发现自己其实远不如人。那么我们的批评底气来自哪里呢？或者是"吃不到葡萄说葡萄酸"的心理使然。因为别人很优秀，而自己又做不到，所以就在挑错的过程中，获得了些许的心理平衡。更严重的还在于，这样的心态，会阻止我们行动的脚步，因为道德上的洁癖，会让我们自我束缚。鲁迅曾说："愿中国青年都摆脱冷气，只是向上走，不必听自暴自弃者的话。能做事的做事，能发声的发声。有一分热，发一分光，就令萤火一般；也可以在黑暗里发一点光，不必等候炬火。"窃以为，先生所言极是。

射牛无怪

【原典】

隋吏部尚书牛弘①，弟弼好酒而酗②，尝醉射弘驾车牛。弘还宅，其妻迎曰："叔③射杀牛。"弘闻无所怪，直答曰："作脯④。"坐定，其妻又曰："叔忽射杀牛，大是异事⑤。"弘曰："已知。"颜色自若，读书不辍⑥。

【注释】

①牛弘（545～610）：字里仁，安定鹑觚（今甘肃灵台）人。性宽裕，好学博闻。北周出仕作官，初任外府记室内史。继改为纳言上士，专掌文翰，甚有美称。加封威烈将军、员外散骑侍郎，修起居注。其后袭父爵封临泾公，宣政元年（578），升内史下大夫，晋位使持节、大将军、仪同三司。开皇初年，迁授散骑常侍、秘书监。隋炀帝大业六年（610）卒于江都郡，时年六十六，赠开府仪同三司、光禄大夫、文安侯，谥号宪宏。此事详见《隋书·牛弘传》。②酗：沉迷。③叔：指小叔子牛弼。④作脯：做牛肉干。⑤大是异事：实在是非常奇怪的事情。⑥不辍：没有停下来。

【译文】

隋朝吏部尚书牛弘，其弟牛弼喜欢喝酒，曾在醉酒后，用箭射死牛弘驾车的牛。牛弘回家以后，妻子迎上前去对他说："叔叔杀死了牛。"牛弘听见后，并没有感到很奇怪，只是说："做肉脯。"等到牛弘坐定以后，他的妻子又说道："叔叔忽然射死了驾车的牛，实在是很奇怪的事。"牛弘回答说："已经知道了。"脸上的神色自若，始终没有停下读书。

【延伸阅读】

中国古代文化特别重视家庭伦理，对于父子兄弟等关系，不惮其烦加以宣传，《礼记·礼运》就说："何谓人义？父慈，子孝，兄良，弟悌，夫义，妇听，长惠，幼顺，君仁，臣忠。"然而我们却看到，彼时的家庭或家族中，且不说父不慈子不孝的现象很多，就是兄弟交恶的例子也不鲜见。反倒是假如哪家兄弟和睦亲爱，就会成了一时的美谈。王维、苏轼兄弟就是著名的例子。王维在"安史之乱"后，难脱干系；苏轼深陷"乌台诗案"，险些丧命。大难之际，兄弟都竭力营救，手足

之情感人至深。苏轼在写给苏辙的诗中这样说道："圣主如天万物春，小臣愚暗自亡身。百年未满先偿债，十口无归更累人。是处青山可埋骨，他年夜雨独伤神。与君世世为兄弟，更结人间未了因。"然而这样的例子毕竟是少数，我们看到更多的是负面故事的报道。最著名的故事，大概要数春秋时期的郑庄公和弟弟共叔段了。庄公作为武公的长子，是理所当然的王位继承人，但因为他寤生惊吓到了母亲，所以很不讨老人家喜欢。当娘的支持小儿子篡夺哥哥的王位，但最后被庄公识破，共叔段被赶出国门，母亲武姜也被囚禁。《春秋》称此事为"郑伯克段于鄢"。按公羊家的说法，这是将兄弟俩视同敌我，兄弟交恶莫此为甚。史书称"牛弘笃好坟籍，学优而仕，有淡雅之风，怀旷远之度"，他对弟弟也的确做到了"兄良"，但他的弟弟却似乎远未做到"弟悌"。世人在看到这个故事的时候，都在赞叹牛弘的大度，却没有进一步去追问，为什么他的弟弟竟然沦落到如此地步？牛弘作为兄长难道对此没有责任吗？就像古人评价"郑伯克段"一事的时候，以为共叔段固然不对，但郑庄公同样不佳，因为弟弟最后酿成的过错，很大程度上正是兄长纵容姑息的结果。对照古人，我们转视牛弘，他似乎也难脱此责。不过我们也许在苛求牛大人，因为或许弟弟的人品原本就差得不可救药，正如他的儿子中也有弑君者一样，有些事情也是无可奈何的。

代钱不言

【原典】

陈重①，字景公，举孝廉②，在郎署。有同署郎负③息钱数十万，债主日至，请求无已，重乃密以钱代还。郎后觉知而厚辞谢之。重曰："非我之为，当有同姓名者。"终不言惠④。

【注释】

①陈重：字景公，东汉名士，豫章宜春（今江西宜春）人。少与同郡雷义为友，俱学《鲁诗》《颜氏春秋》。后举茂才，除细阳令。政有异化，举尤异，当迁为会稽太守，遭姊忧去官。后为司徒所辟，拜侍御史，卒于任上。此事详见《后汉书·独行列传》。②举孝廉：汉代发现和培养官吏预备人选的一种方法。它规定每二十万户中每年要推举孝廉一人，由朝廷任命官职。被举之学子，除博学多才外，更须孝顺父母，行为清廉，故称为孝廉。在汉代，"孝廉"已作为选拔官员的一项科目，没有"孝廉"品德者不能为官。③负：欠。④终：始终。不言惠：不提自己对人的好处。

【译文】

陈重，字景公，被推荐为孝廉，在衙门中当郎官。有位同僚欠下了数十万钱的债务，债主每天登门，不断地催债，陈重于是暗地里用自己的钱替这个人还清了债。同僚知道后对他千恩万谢，陈重却说:"不是我做的,大概是与我同姓名的人做的吧。"始终不提自己替人还债的恩惠。

【延伸阅读】

做好事不留名,是中国传统的美德,也是过去很多人一直信奉的态度。但是时至今日,低调谦卑仍少见,而高调张扬则多为。常有人做了好事,生怕别人不知道,不但自己主动宣传,更有甚者,专以做好事为晋级的阶梯,藉此出名得利者不乏其人。我们当然不好说高调者人品就差,但就受恩惠者来说,他们心底应该是更喜欢前者。前些时候,网上流传一个发生在成都的故事。故事的主人公开了一家小面馆,但不幸的是,这个勤勉乐观的年轻人得了绝症,周边的人知道后,都自发地来他店中吃饭,吃一碗面,默默留下几百元,希望藉此帮助他渡过难关。这种做法既帮助了店主,同时又没有让他太过难堪。施恩和受惠都是在一种很有尊严的方式下完成的。反之,如果施恩者将受惠者拉到台前,让他的受惠行为众所周知,我想这个帮助即便很大,但从接受者心底来说,会感觉很难堪,自尊心受到伤害是显然的后果。陈重帮助同僚却不愿承认,大体也是出于同样的心理,因为他只是想帮助对方脱难,并不希望为对方带来心理上的负担,否则同僚虽然放下了经济上的重担,却又背上了沉重的精神枷锁。陈重因为不留名,却获得了青史留名;雷锋因为不留名,却赢得了后世的大名。历史从来不会忘记那些真心帮助别人的人。

认猪不争

【原典】

曹节①，素②仁厚。邻人有失猪者，与节猪相似，诣门③认之，节不与争。后所失猪自还，邻人大惭，送所认猪，并谢④。节笑而受之。

【注释】

①曹节：字元伟，沛国谯（今安徽亳州）人。魏武帝曹操的曾祖父。据史载，其人为人仁厚。《三国志·魏书·武帝纪》裴松之注引司马彪《续汉书》："（曹）腾父节，字元伟，素以仁厚称。邻人有亡豕者，与节豕相类，诣门认之，节不与争；后所亡豕自还其家，豕主人大惭，送所认豕，并辞谢节，节笑

而受之。由是乡党贵叹焉。"②素：一向。③诣门：上门，登门。④谢：道歉。

【译文】

曹节，一向很仁慈厚道。邻家的一头猪丢失了，与曹节家中的猪很相似，邻居便到曹节家中认领，曹节没有和他争论，就让他将自家的猪领走了。后来，邻居的猪自己跑回来，邻居感到十分惭愧，归还曹节的猪并道歉，曹节笑着收下了猪。

【延伸阅读】

曹节不知是社会地位怎样的人，但从故事的叙述来看，他的确是好脾气，否则邻人怎敢上门到他家索要失猪？按现在的说法，这叫找茬找上门来了，对于很多人来说，这是"是可忍孰不可忍"的事。然而曹节忍了，因为他是仁厚的君子。孔子说："君子无所争。必也，射乎！揖让而升，下而饮，其争也君子。"意思是说，通常君子是没有什么事情可争执的，只有一

个例外，那就是在射礼的场合，因为此时唯有争才能证明自己是君子。此外，如果参与争执，就失了君子之风。因为是君子，所以遇事不会争执，然而忍让谦卑的姿态，在同样仁厚的人看来，固然是美德；但在那些势利小人眼中，就会被视为软弱可欺，曹节的邻居或许就属此类。曹节无疑是君子，他对于邻人的怀疑，没有任何的辩解，而是让对方将猪领走，虽然他明明知道对方错了。不过故事最后还是给了一个皆大欢喜的结局，即邻居意识到自己的错误，主动归还了曹节家的猪，并深表歉意。曹节的猪失而复得，不但资产毫无损失，还因此展示了自己的仁厚大度，可谓是"好人终有好报"。不过，平心而论，曹节的仁厚，也是有些冒险的，假若邻居将错就错，不还他家的猪，曹节就会落入一种很尴尬的境地：不但白白丢失了一头猪，凭空还背负了窃猪的坏名声。虽然故事没有这样的续笔，但依曹节的性格来说，恐怕也是自认倒霉了事。俗话常说"老实人吃亏"，意谓选择仁厚，也是要付出代价的。不过话说回来，老实人吃亏，吃的也都是些小亏，无关痛痒，最后都能澄清。"好人有好报"，倒也不是虚言。

鼓琴不问

【原典】

赵阅道为成都转运使①，出行部内②，唯携一琴一龟，坐则看龟鼓琴。尝过青城山，遇雪，舍③于逆旅。逆旅④之人不知其使者也，或⑤慢狎（xiá）⑥之，公颓（tuí）然⑦鼓琴不问。

【注释】

①赵阅道：即赵抃（1008～1084），字阅道，宋衢州西安（今浙江衢州）人。景祐元年（1034）进士，任殿中侍御史，弹劾不避权势，时称"铁面御史"。平时以一琴一鹤自随，为政简易，长厚清修，日所为事，夜必衣冠露香以告于天。年四十余，究心宗教。累官至参知政事，以太子少保致仕，卒后谥清献，苏轼曾为之作《清献公神道碑》。《宋史》卷三百一十六有传。此事详见宋代沈括《梦溪笔谈·人事一》。转运使：中国唐代以后历代王朝主管运输事务的中央或地方官职。宋代的转运使除掌握一路或数路财赋外，还兼领考察地方官吏、维持治安、清点刑狱、举贤荐能等职责。宋真宗景德四年（1007）以前，转运使职掌扩大，实际上已成为一路之最高行政长官。②部内：辖区之内。③舍：投宿。④逆旅：旅店。⑤或：有的人。⑥慢狎（xiá）：怠慢轻侮。⑦颓（tuí）然：寂静，沉默。

【译文】

赵阅道任成都转运使，每次出去到辖区内巡行，身旁只带一张琴和一只乌龟，休息的时候一边看着乌龟，一边弹琴。一次，路过青城山，遇上下雪，住在旅馆之中。其他的旅客不知道他是转运使，有的甚至侮辱他。赵阅道静静地弹着琴，对他们的话毫不在意。

【延伸阅读】

凡朝廷大员出行，都会鸣锣开道，一千人等，浩浩荡荡，招摇过市，好不威风，所到之处，观者退避，见者低头。假若有某个官员选择低调出行的话，就会是另外一番光景了。碰到世俗的冷遇且不说，刁难欺侮的事情，也是寻常发生的，哪怕是贵为皇帝。因为既然是世俗百姓，多半就"有眼不识泰山"。孔子早就说过，君子和小人是不同的，"君子喻于义，小人喻于利"（《论语·里仁》）。虽不好说，社会上小人比君子多，但势利的小人，在什么年代都不是稀缺品，所以一般人碰到的概率还是

很高的。赵抃就不巧遇到了一位，而且正好是他以大员之尊微服出行的时候。不过话说回来，赵抃也只有在隐去身份、化身为俗人的时候，才有机会遇到，否则的话，站在他面前的就是一个低声下气、点头哈腰的小人了。当然故事的中心在于表现赵大人的隐忍大度，不与乡下的俗人一般见识。孔老夫子早就教诲过"人不知而不愠，不亦君子乎"，然而问题在于，赵阅道的此举看似容易，其实对于很多人来说，却是很难做到的。不要说忍住了事实而不张扬，很多人是没有事实瞎吹嘘。网上有一个词叫"豁胖"，意谓自吹自擂，无中生有，旨在为自己脸上贴金，让别人羡慕甚至惧怕。在这些人眼中，赵抃真身不露，十足浪费资源。然而官位乃天下之公器，并非个人的护身符，脱离官场的官员，其实也不过是个凡人。这样看的话，赵抃不过是正确地处理了他的身份，谁说你是官员就不能受人白眼呢？不过，毕竟这样做的人很少，所以也就显得难能可贵了。

唯得忠恕

【原典】

范纯仁①尝曰："我平生所学，唯得'忠恕②'二字，一生用不尽。以至立朝事君，接待僚友，亲睦宗族，未尝须臾③离此也。"又戒子弟曰："人虽至愚，责人则明；虽有聪明，恕己则昏。尔曹④但常以责人之心责己，恕己之心恕人，不患不到圣贤地位也。"

【注释】

①范纯仁（1027～1101）：字尧夫，苏州吴县（今江苏苏州）人，范仲淹次子。宋仁宗皇祐元年（1049）进士。曾从胡瑗、孙复学习。父殁始出仕知襄城县，累官侍御史、同知谏院，出知河中府，徙成都路转运使。宋哲宗立，除给事中，元祐元年（1086）同知枢密院事，后拜相。宋哲宗亲政，累贬永州安置。宋徽宗立后，官复观文殿大学士，促入觐，后以目疾乞归。建中靖国改元之旦，受家人贺。明日，熟寐而卒，年七十五，谥号忠宣。事详《宋史·范纯仁传》。②忠恕：孔子的重要思想。忠，即"己欲立而立人，己欲达而达人"。恕，即"己所不欲，勿施于人"。③须臾：片刻，极短的时间。④尔曹：你们这些人。

【译文】

范纯仁曾说："我一生学习，所得到的只有忠、恕二字，这两个字的好处一辈子也用不完，上至在朝做官侍奉君王，下至接待同事和朋友，甚至与亲戚宗族的人和睦相处，从来没有一刻离开这两个字。"他又告诫子弟说："一个人即使蠢笨至极，他在指责别人时总是很聪明；一个人即使聪明过人，宽恕自己时总是显得很糊涂。你们应当用指责别人的心情来指责自己，用宽恕自己的心情来宽恕别人。如果这样去做的话，不怕达不到圣贤的境界。"

【延伸阅读】

为人处世，无非两件事，对己和待人，前者为内，后者为外。孔子生平所为，曾子总结说："夫子之道，忠恕而已矣。"不过"忠恕"只是对外的原则，对自己则并不完全适宜。然而世事变幻、人事纷繁，要做到"忠恕"又谈何容易！所以范纯仁才说，自己一生所学，唯有"忠恕"二字，一生受用不尽。对人要"忠"，涉及诚信，暂且不论，但以对人要"恕"而论，因为涉及纷争冲突，事关人际和谐，故而尤显重要。恕，应该是有情有义的

理解宽容。史书称，"纯仁在位，务以博大开上意，忠笃革士风。章惇得罪去，朝廷以其父老，欲畀便郡，既而中止。纯仁请置往咎而念其私情。邓绾帅淮东，言者斥之不已。纯仁言：'臣尝为绾诬奏坐黜，今日所陈为绾也，左降不宜录人之过太深。'宣仁后嘉纳。"对一个曾经陷害过自己的仇家，没有乘机报复，而是以人之常情予宽待。恕之精义正在于此。然而恕，却不是无原则的纵容姑息。范纯仁一生刚正不阿，史书称他"性夷易宽简，不以声色加人，谊之所在，则挺然不少屈"。下面的一个小故事很能说明问题。范纯仁在任襄城县令的时候，县里面有块牧地，卫士牧马踩坏了农民的庄稼，范纯仁就抓了一个人处以杖责。因为牧地并不隶属于县，所以军方很生气，并将此事上报至皇帝，要求严办。范纯仁不为所屈，他说："养兵出于税亩，若使暴民田而不得问，税安所出？"最后皇帝不但赦免了他，而且还将牧地划归县管。他的"挺然不少屈"正在于忠恕，所谓的"无欲则刚"，问心无愧，自然胆色过人。当然一个善于处外的人，多半也是处内的高手，能忠恕待人，对己必定严苛。很遗憾的是，常人却是与此相反，待人严而对己宽，所以范纯仁成了圣贤，而我们仍为凡人。

益见忠直

【原典】

王太尉旦①荐寇莱公为相，莱公数短②太尉于上前，而太尉专称其长。上一日谓太尉曰："卿虽称其美，彼谈卿恶③。"太尉曰："理固当然。臣在相位久，政事阙失④必多。准对陛下无所隐，益⑤见其忠直。此臣所以重准也。"上由是益贤太尉。

【注释】

①王太尉旦：即王旦（957～1017），字子明，大名莘县（今山东聊城）人。宋太宗太平兴国五年（980）进士。以著作郎预编《文苑英华》。真宗咸平时累官同知枢密院事、参知政事，景德三年（1006）拜丞相，监修《两朝国史》。善知人，多荐用厚重之士。天禧元年（1017），以疾罢相。年六十一卒，赠太师、尚书令、魏国公，谥文正。事详《宋史·王旦传》列传第四十一。太尉，官名，宋代辅佐皇帝的最高武官。为三公之一（太尉、司徒、司空），正二品。寇莱公：即寇准（961～1023）。字平仲，华州下邽（今陕西渭南）人。太平兴国五年（980）进士，授大理评事，知归州巴东、大名府成安县。累迁殿中丞、通判郓州。召试学士院，授右正言、直史馆，为三司度支推官，转盐铁判官。天禧元年（1017），改山南东道节度使，再起为相。准殁后十一年，复太子太傅，赠中书令、莱国公，后又赐谥曰

忠愍。皇祐四年（1052），诏翰林学士孙抃撰神道碑，帝为篆其首曰"旌忠"。《宋史》卷二百八十一有传。②数短：多次说人不足。③恶：缺点。④阙失：同"缺失"。⑤益：更加。

【译文】

太尉王旦举荐寇准担任相职，寇准却多次在皇帝面前指责王旦的过错，但是王旦在皇帝面前只称道寇准的优点。有一天皇帝对太尉说："你虽然常夸寇准的优点，但寇准却经常说你的缺点。王旦回答说："这是必然的结果啊。我担任相职时间很长，处理政务很多，存在的问题也一定不少。因为寇准对陛下坦诚无私，指出我的过失，更显示出他对您的忠诚和秉性的耿直。这也正是我器重寇准的原因。"皇帝也因此更加器重太尉王旦。

【延伸阅读】

本则故事涉及到两个大人物，且都是一时的名臣。故事主旨是要突出王太尉的大度，而寇准不过是陪衬的反面人物。然而在后人的印象里面，寇准似乎更知名。王旦的器量

大于寇准，自有公论；但若以此断言寇准不如王旦，则似乎难以服众。因为器量固然重要，但毕竟多指向为人处世，而个人的成功除了品德器量之外，还有必不可少的才、学、识。以古人所称道的"三不朽"而论，"太上有立德，其次有立功，其次有立言"，直接关乎器量的似乎也就"立德"，然能"立德"之人毕竟极少，以才学建功的人却极多。事实上，古今用人均会考虑到两个因素，或德或才，所谓德才兼备的全才，不过是一种美好的稀罕物，更常见的则是或德或才的偏才。虽然中国的古代文化，尤其是儒家文化，重德轻才，但是在实际的生活中，我们同样看到，才华出众的人常被予以重任，他们的品德被暂时搁置。从早年的管仲、曹操，到之后的狄仁杰、王安石，以及此时的寇准。他们都是才干名声超过品德的，虽然他们的品德原本也不差。孔子说"仁者乐山，智者乐水"，其实不过是个人的性之所近，才与德也是如此。尚德之人多仁厚，处事稳重，然功绩也多半平平；恃才之人多激切，行为跳荡，但往往能够取得不俗的成功。同时因为自身能干，所以多半恃才傲物，得罪的人自然就多，因之人际关系大都不会好。寇准担任相职后，揭发王旦之短，正是如此。史书还说，寇准在任武胜军节度使时候，有一次过生日，建造山棚大宴，服用僭侈，被人弹劾。皇帝很生气，谓旦曰："寇准每事欲效朕，可乎？"旦徐对曰："准诚贤能，无如呆何。"寇准果然是个有才的书呆子，所以才被王旦、真宗笑称"傻帽"。我们虽不能用无德的真小人，但也不能用无才的老好人。

酒流满路

【原典】

王文正公①母弟，傲不可训②。一日过冬至，祠家庙，列百壶于堂前，弟皆击破之，家人惶骇。文正忽自外入，见酒流，又满路，不可行，俱无一言，但③摄衣④步入堂。其后弟忽感悟，复为善。终亦不言。

【注释】

①王文正公：王旦。事详《宋史·王旦传》列传第四十一。母弟：同母的弟弟。②傲不可训：狂傲而不听劝告。③但：只是。④摄衣：提着衣襟。

【译文】

王旦的弟弟，桀骜不驯，听不进劝告。有一年冬至，全家人在家庙准备祭祀，在堂前摆放了许多壶酒。王旦的弟弟却将这些酒坛一个个打碎，家人看到此景都很惊恐害怕。这时候王旦忽然从外边回来，虽然看到酒流满地，路不好走，但对此也没有说一句责备的话，只是提着衣襟走进堂房。后来他弟弟忽然悔悟，转而向善。对于弟弟，王旦自始至终都没有指责什么。

【延伸阅读】

俗话说"龙生九子，九子不同"，王家虽然属于钟鸣鼎食之家，出了像王旦这样出类拔萃的人才，但也生了如其弟这般的"傲不可训"的恶少。可见家门显贵，家教谨严，也不见得都能让子弟成为"芝兰玉树"，所谓家家都有一本难念的经，王家也不例外。王旦贵为宰辅，能够在朝堂之上纵横捭阖，但却不能让其弟归于善途。或许他之前也有过尝试，因为训导无果，所以就任其所为了。孔子说过"中人以上，可以语上也，中人以下，不可以语上也"，又说"唯上智与下愚不移"，大概说的就是王旦弟弟这样的人。对于此类兄弟，似乎也只剩下听之任之了，何况王旦又是一位宽厚仁慈的官员。历史上也出现过类似的著名难题。据说舜在登基之前，在家中敬老爱幼，但弟弟象却刁蛮歹毒，无所不用其极，甚至对兄长也百般陷害，唯恐他生活得好。但舜既不责难于他，也不与之冲突，而是凭着自己的聪明睿智，逃脱劫难，保存兄弟的情分。后来舜受禅之后，也未处罚弟弟，还给了他不俗的封赏。舜帝也因此获得了孝悌的美名。即便以舜这样的圣人，最终也没有将弟弟感化，可见世间还真有顽固不化的人。王旦的故事，即便结尾没有其弟向善的反转，也足以凸显他的好性格、好人品以及好度量。一个人身居高位，能够在家中如此忍辱，的确非比寻常，仅此一点，就足够让人叹服。最后弟弟的突然觉悟，虽然显得突兀，但也令人信服，所谓身教重于言教，兄长最后是以自己的行动，让弟弟走出了迷障，演成了一段人间佳话。《论语》中记录了这样一段话："子曰：予欲无言。子贡曰：子如不言，则小子何述焉？子曰：天何言哉。四时行焉，百物生焉。天何言哉？"的确，有些时候，无言比有言更有力量，王旦对其弟的教诲就是一个很好的例子。

不形于言

【原典】

韩魏公^①器量阔博^②，无所不容，自在馆阁^③，已有重望于天下。与同馆王拱辰、御史叶定基^④，同发解^⑤开封府举人。拱辰、定基时有喧争，公安坐幕中阅试卷，如不闻。拱辰愤不助己，诣^⑥公室谓公曰："此中习器度耶？"公和颜谢^⑦之。公为陕西招讨，时师鲁与英公^⑧不相与^⑨，师鲁于公处即论英公事，英公于公处亦论师鲁，皆纳之，不形于言^⑩，遂无事，不然不静矣。

【注释】

①韩魏公：韩琦（1008～1075），字稚圭，自号赣叟，相州安阳（今属河南）人。天圣进士，初授将作监丞，历枢密直学士、陕西经略安抚副使、陕西四路经略安抚招讨使。与范仲淹共同防御西夏，名重一时，时称"韩范"。嘉祐元年（1056），任枢密使；三年（1058），拜同中书门下平章事。英宗嗣位，拜右仆射，封魏国公。神宗立，拜司空兼侍中，出知相州、大名府等地。熙宁八年（1075）卒，年六十八，谥忠献。《宋史》卷三百一十二有传。②阔博：宏伟博大。③馆阁：掌管图书、编修国史之官署。宋沿唐制，置"昭文馆""史馆""集贤院"三馆和"秘阁""龙图阁"等，分掌图书经籍和编修国史等事务，通称"馆阁"。④王拱辰（1012～1085）：字君贶，开封府咸平（今河南通

许）人。天圣八年（1030）举进士第一，通判怀州，入集贤院，历监铁判官，修起居注，庆历元年（1041）为翰林学士，累拜御史中丞，累官武汝军节度使。数论事，颇强直。尝论夏竦不宜官枢密，帝未省遽起。至前引帝裾，竦遂罢。因逐王益柔、苏舜钦以倾范仲淹，为公议所薄。神宗元丰八年（1085），病卒于彰德军节度使任上，终年七十三岁。朝廷追赠开府仪同三司，谥懿恪。《宋史》卷三百一十八有传。叶定基：生平资料不详。⑤发解：唐宋时，应贡举合格者，谓之选人；由所在州郡发遣解送至京参与礼部会试，称"发解"。此处指主持举人选拔考试。⑥诣：登门。⑦谢：道歉。⑧师鲁：尹洙（1001～1047），字师鲁，河南（今河南洛阳）人，世称河南先生。天圣二年（1024）登进士第，授绛州正平县主簿，历任河南府户曹参军等职。后充馆阁校勘，迁太子中允。陕西用兵，尹洙被起用为经略判官，累迁至右司谏，知渭州，兼领泾原路经略公事。为其部吏诬讼，贬监均州酒税。《宋史》卷二百九十五有传。英公：夏竦（985～1051），字子乔，江州德安（今江西德安）人。以父死事补官。景德四年（1007）举贤良方正，仁宗朝，累擢知制诰，拜同中书门下平章事，判大名府，召入为宰相，为言官所攻，改枢密使，后进封英国公，皇祐三年（1051）卒，年六十七。谥文庄。⑨不相与：合不来。⑩不形于言：不在话语中显露出来。

【译文】

韩琦的器量宏伟博大，他对什么事情都能容忍。他还在馆阁读书的时候，就已经深孚众望，天下闻名了。他曾经与同馆的王拱辰、御史叶定基共同主持开封府的举人考试。王拱辰、叶定基两人不时产生争执，韩琦则在房间里面阅卷，对他们俩的争吵置若罔闻。王拱辰抱怨韩琦不支持自己，就跑到韩琦的房间对他说："你躲在这里面修炼你的器度吗？"韩琦和颜悦色地向他表达歉意。还有一次，韩琦担任陕西招讨，当时尹洙与夏竦两人合不来，尹洙在韩琦面前说夏竦的不是，夏竦也在韩琦面前说尹洙的不是，韩琦都采纳了他们的意见，但是没有传出他们彼此说的话，所以没有引发什么事端。否则俩人一定会闹得不得安宁。

【延伸阅读】

俗话说得好："病从口入，祸从口出。"人之所以发生争执，不适当的言语是其真正的罪魁祸首。口舌很容易招惹是非。日常生活中最通俗的说法莫过于人们耳熟能详的：吃坏东西不舒服的是你自己，而说错话受伤害的是别人。古语有云："一言即出，驷马难追。"

圣人孔子也曾告诫后人："君子说话言辞一定要慎重、缓慢。"在现实生活中与人交往时，如果任性而为，率直而言，直露胸臆，不注意言语的对错轻重，只图一时之痛快，到头来恐怕只会给自己带来无尽的烦恼，重者甚至遭到意想不到的灾难。

小慧是一位相当优秀的女孩，漂亮大方又有人缘。结婚当天贺客满堂，众人认为新郎新娘两人"郎才女貌"，真是天作之合，一定可以永浴爱河，白头偕老。而小慧也非常高兴，认为自己找到了如意郎君。在婚礼进行当中，小慧透过头纱，偷偷地瞄了一下英俊体贴的老公，不禁感到欣喜与满足，心想不久就将踏上人生的新旅程。

不料，婚后一个月，小慧开始觉得生活上不尽如意，也不如婚前想象的那样美好。虽然小慧觉得老公很健谈，有时说话也很幽默，但有时也令她感到很不是滋味。譬如有一次，老公竟在朋友到家里来聊天时说："别的情侣、夫妻是彼此看对眼，我呀，是看走眼了！"小慧听了，气得白他一眼，一个人走进厨房生闷气。

尽管事后老公解释说，那些话只是在朋友面前"开开玩笑"而已，但小慧总是觉得很不舒服，为什么每次都是以"否定别人"来开玩笑？而在家里老是一副"只有他是对的"的样子，动不动就说"你看你，这么笨，连这么简单的事都不会干""哎呀，你们女人不懂"。很显然，不恰当的言语是产生矛盾的根源。立身于竞争激烈的当今社会，我们还不应该牢记"祸从口出"这句至理名言吗？当然，祸从口出也并不是让你不说话，而是告诫你说话一定要谨慎。常言道："言多必失，谨开言，慢开口。"

玉石破损了可以磨平，但说话不当导致的过失是无法补救的。

现代人身在单位，难免会碰到同事之间的争吵，在这个场合，劝甲就会让乙生气，劝乙就会让甲不满，如果两个都不劝，结果很可能是甲乙都得罪。此时此刻，劝还是不劝，还真是一个麻烦的问题。韩琦的做法是，两个都不劝，只要有人登门责怪，就表达歉意。虽然故事没有交代他的上述做法，是否让那两个人都满意了，不过平心而论，即便是怨恨，程度也不会深。因为王、叶二人的争吵，并无所谓对错，也不关乎立场，只不过是意见不合，所以第三方的韩琦很难站队，对于这类鸡毛蒜皮的小事，聪明的做法，莫过于靠边站，不掺和。如果争吵的事情关系重大，此时还选择沉默的话，非但不是胸怀宽广，而是胆小怕事了。这显然不是韩琦的作风。史书称："时二府合班奏事，琦必尽言，虽事属中书，亦指陈其实。同列或不悦，帝独识之，曰：'韩琦性直。'琦与范仲淹、富弼皆以海内人望，同时登用，中外跂想其勋业。"在别人争吵的当时，自己两不相帮，虽然显得尴尬，但毕竟还能够逃避，还有一些争吵是你想逃都逃不了的。有时候两个不相合的人，视你为知己，分别在你面前说对方的坏话，将他们的冲突在你身上重演，此时此刻，你就必须表示立场了。虽然俗话说"谁人背后不说人，谁人背后不被说"，但背后说人总归是不体面的。因而此类单方面的劝架，就更显得困难。韩琦的做法是，两个人的意见都采纳，但是不彼此传话。于是一场矛盾就化于无形。韩琦无疑是一位交际场的高手，他懂得给别人留路，也懂得给自己留路，而事实证明，在给人方便的时候，留给自己的往往也是方便。当然背后还是他宽广的胸怀在起作用。

未尝峻折

【原典】

欧阳永叔①在政府时，每有人不中理者，辄②峻折之，故人多怨；韩魏公③则不然，从容谕④之以不可之理而已，未尝峻折之也。

【注释】

①欧阳永叔（1007～1072）：欧阳修，字永叔，号醉翁，晚年号六一居士，吉州永丰（今江西吉安永丰）人，自称庐陵人。仁宗天圣八年（1030），进士及第。嘉祐三年（1058），欧阳修以翰林学士身份兼龙图阁学士权知开封府。嘉祐五年（1060），拜枢密副使。次年任参知政事，进乐安郡开国公。后又相继任刑部尚书、兵部尚书等职，特授太子少师致仕。神宗熙宁五年（1072），卒于颍州，谥文忠。《宋史》卷三百一十九有传。②辄：就。③韩魏公：即韩琦。注见"不形于言"条。④谕：告诉。

【译文】

欧阳修在政府为官的时候，每次遇见有人做事不合道理，就会严辞批评，所以很多人怨恨他；而韩琦则不同，他不过是耐心告诉他们做得不好的地方罢了，从来没有当面严辞斥责过他们。

【延伸阅读】

一般性格急躁的人，做事往往雷厉风行，而且多心直口快；而性格沉静的人，则做事往往温和谦逊，且多含蓄委婉。从性格来说，两者无所谓好坏，因为所有的事情都是两面性的，性格也是如此。性子急，优点是直爽，缺点是鲁莽；性子慢，优点是温婉，缺点是犹豫。不过性格虽然难分优劣，但是按一般人的接受心理，还是更偏爱沉静温婉的人。欧阳修的"招人怨"和韩琦的"讨人喜"就是例证。春秋时期也有过一个类似的故事："狄侵我西鄙，公使告于晋。赵宣子使因贾季问酆舒，且让之。酆舒问于贾季，曰：'赵衰、赵盾孰贤？'对曰：'赵衰，冬日之日也；赵盾，夏日之日也。'"（《左传·文公七年》）赵氏父子，一个像冬天的太阳，一个像夏天的太阳，前者因为和煦，让人舒服；后者因为太过热烈，令人生厌。可见自古及今，温婉的办事风格一直较之峻刻更有市场。性格的差异，不仅表现在人们接受心态的不同，还表现在办事效果的差异。雷厉风行的政策推行，固然摧枯拉朽，声势浩大，但往往泥沙俱下，如强弩之末，难以为继，如王安石的新法推行就是如此，他是个"拗相公"，他推行的方式也是同样的"拗"，最后的结果是不但新法推行失败，还为自己树立了一大批政敌。王安石的新法不能说不好，然而最终失败，却不能说与他推行的方式无关。所以为人处世，不能什么时候都率性而为，要懂得合理克制，因为有些时候，率性也会引发致命的后果。

非毁反己

【原典】

韩魏公^①谓："小人不可求远，三家村^②中亦有一家，当求处之之理。知其为小人，以小人处之^③。更不可接^④，如接之，则自小人^⑤矣。人有非毁^⑥，但^⑦当反己是，不是已是^⑧，则是在我而罪在彼，乌^⑨用计其如何？"

【注释】

①韩魏公，即韩琦。注见"不形于言"条。②三家村：偏僻的小山村。③以小人处之：用小人的方式对待。④接：计较。⑤自小人：自居小人。⑥非毁：非议诽谤。⑦但：只需。⑧是已是：是自己正确。⑨乌：哪里。

【译文】

韩琦说："小人不必到远处去找，三家村中就有一家，应当去关心如何与小人打交道。既然知道对方是小人，就应该以小人的方式对待他。千万不要与小人计较，一旦与他计较，那么自己也就沦为小人了。但凡别人对自己有非议，就应当反思自己的行为是否得当，如果自己行为无误，那么正确的在我，而错误在对方，如果这样的话，还计较别人诽谤自己什么呢？"

【延伸阅读】

常言道，"常在湖边走，哪有不湿鞋""人在江湖飘，难免会挨刀"。说的是江湖险恶，社会不平。然而江湖之所以险恶，社会之所以不平，都是因为小人的存在，他们最会兴风作浪，喜欢挑动事端。社会上好人不少，但小人更多。很多人的正能量，都是被小人耗费掉了，小人最喜欢的就是名利。太史公司马迁曾感叹："天下熙熙，皆为利来；天下攘攘，皆为利往。"虽然名利为君子所轻，但名利本身却并非恶果，孔子也不否定富贵，他说"富而可求也，虽执鞭之士，吾亦为之，如不可求，从吾所好。"但君子求富贵是讲原则的，而小人的好名利却没有底线。恶棍西门庆的话虽然极端，但也颇能说明这个群体的心态。他说："咱只消尽这家私广为善事，就使强奸了嫦娥，

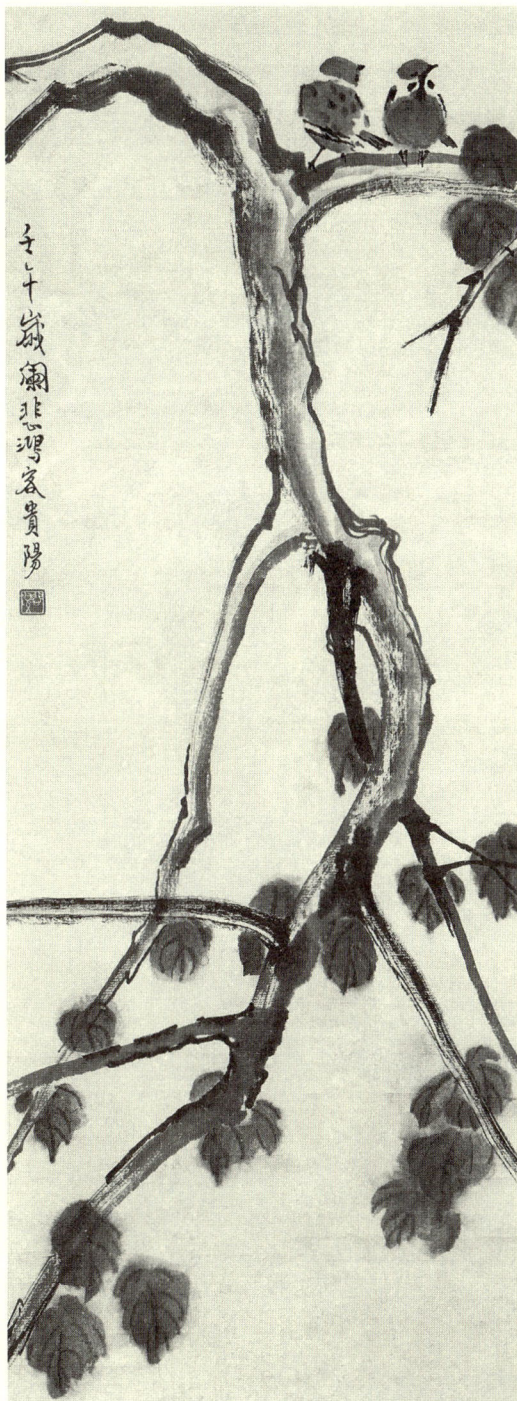

和奸了织女，拐了许飞琼，盗了西王母的女儿，也不减我泼天富贵。"与这样的人打交道，就如同比赛没有规矩。全场一片混乱的局面，对于小人来说，正好可以浑水摸鱼，但对于正人君子而言，往往会无所适从。所以孔子碰到小人也没有办法："唯女子与小人为难养也，近之则不逊，远之则怨。"遗憾的是，中国传统的经典，都是圣贤书，说的都是如何成为君子，既没有告诉人们如何成为小人，更没有教诲我们如何对付小人。于是就留下了一个大大的漏洞，使得小人至今逍遥得势。人们只能在生活的炼狱中，摸索着与小人的相处之道，其中也不乏佼佼者，韩琦就是其中出色的一位。他对付小人的经验，一是必须意识到小人的无处不在；二是认定是小人，就以小人之法对付小人；三是不要与小人计较，否则自己也会沦为小人。总之，自己必须行得正站得直，只要问心无愧，就不要去管小人在背后的造谣中伤。韩琦的教诲很有道理，因为他有邪不压正的胆色。

归田风趣

光绪癸巳秋七月上澣山阴任颐

辞和气平

【原典】

凡人语及①其所不平，则气必动，色必变，辞必厉。唯韩魏公②不然。更说到小人忘恩背义、欲倾己③处，辞和气平，如道④寻常事。

【注释】

①语及：说到，谈及。②韩魏公：即韩琦。注见"不形于言"条。③倾己：拆自己的台。④如道：就像说起。

【译文】

一般人说到自己受到的不公平待遇时，一定会气愤填膺，脸色大变，言辞激烈。只有韩琦不同。他在说到小人忘恩负义、想拆自己台的地方，语气平和，就好像是说寻常小事一样。

【延伸阅读】

处在风云变幻的世界中，人应该有种权变的意识和手段，应该稳如泰山，静如止水，这样才会耳聪目明。急躁冒进之徒，为一己私利，便能大打出手。殊不知，图一时之痛快，只会给自己带来更多危害。

人不能心浮气躁。静不下心来做事，将一事无成。轻浮、急躁、冒进，对什么事都只知表皮，往往会给自己带来损失。

三国时期，关云长失守荆州，败走麦城被杀，此事激怒刘备，遂起兵攻打东吴，众臣之谏皆不听，实在是因小失大。正如赵云所说：“国贼是曹操，非孙权也，宜先灭魏，则吴自服。操身虽毙，子丕篡盗，当因众心，早图关中……不应置魏，先与吴战；兵势一交，不得卒解也。”诸葛亮也上表谏止曰：“臣亮等窃以为吴贼逞奸诡之计，致荆州有覆亡之祸；陨将星于斗牛，折天柱于楚地，此情哀痛，诚不可忘。但念迁汉鼎者，罪由曹操；移刘祚者，过非孙权。窃谓魏贼若除，则吴自宾服。愿陛下纳秦宓金石之言，以养士卒之力，别作良图；则社稷幸甚！天下幸甚！”可是刘备看完后，把表掷于地上，说：“朕意已决，无得再谏。”执意起大军东征，最终导致兵败。

从这个例子中，就可以看出，在关键时刻是不能让怒火左右理智的，不然就会付出惨重的代价。气之忍要求人们要踏实、谦虚，要求我们遇事要沉着、冷静，多思考、多分析，然后再行动，而不要眼高手低干什么都不稳，到最后毫无所获。大凡天下成大事者，都能克服浮躁、冲动的毛病。

人们常说：“人活一口气，佛为一炷香。”所以在碰到不公平的事情时，很多人都会选择据理力争，所谓

的"咽不下这口气"。一般大众的反应，也往往支持这种做法，还会赞其为"性情中人"。但是这种因情而动的气，却会带来很糟糕的后果。因为斗气必然冲动，而冲动是魔鬼，会直接让事情逆转。好事变成了坏事，有理变成了无理。虽然很多人也知道冲动的不良后果，但事到临头还是会明知故犯。于是反观韩琦的举重若轻，就会由衷感叹他的修养。对于不平的待遇，不动气已属难得，更何况处之如寻常小事？别人多说孟子好辩，但孟子说自己是不得已而为之。他说自己到了四十岁的时候，才真正做到了不动心。不动心就是心平气静，"富贵不能淫，威武不能屈，贫贱不能移"，对一切事情都能处之泰然。要做到如此，只有两种，一是不在意，一是不重要。我们之所以恼怒，就是觉得太重要以至于太在意，放不下，放不开，所以才恼怒。孟子的不动心，韩琦的不动气，想必是将事情小化弱化，事情淡到无穷小时，怒气自然就平息了。所以今人在劝慰愁闷的人时，常用开导的话"凡事看远点，看开点"，说的就是这个意思。因为事情放到一个广阔的坐标上，就会显得很渺小，而人们通常是不会对渺小的事情挂怀的。说到底，对于身上不平事或怒或不怒的反应，其实还是一个人的胸襟博大与否的问题。孟子、韩琦因为看得高、看得远，所以看得开、看得透；而一般人因情而动、为情而怒，所以陷在局中不能自拔。"圣人无情"，其实圣人何尝没有人情，只不过能对寻常人情有所超越，不会为人情所累罢了，而这正是圣人之所以为圣人之处。

委曲弥缝

【原典】

王沂公曾再莅大名代陈尧咨①。既视事②，府署毁圮③者，既旧而葺④之，无所改作；什器之损失者，完补之如数；政有不便，委曲弥缝，悉⑤掩其非。及移守洛师，陈复为代，睹之叹曰："王公宜其为宰相，我之量弗及。"盖陈以昔时之嫌，意谓公必反其故，发其隐⑥者。

【注释】

①王沂公：王曾（978～1038），字孝先，青州益都（今山东青州）人。宋真宗咸平中取解试、省试、殿试皆第一。中状元后，王曾以将作监丞通判济州。不久，奉诏入京，召试学士院，宰相寇准奇之，特试政事堂，授秘书省著作郎、直史馆、三司户部判官。景德初知制诰，真宗大建玉清昭应宫，王曾力陈五害以劝谏，真宗命王曾判大理寺，迁翰林学士，知审刑院，对其甚为敬重。仁宗景祐元年（1034），为枢密使。二年（1035），拜右仆射兼门下侍郎，平章事，集贤殿大学士，封沂国公。后因不容吕夷简专断，被罢相，以左仆射，资政殿大学士判郓州，死于任上，享年六十一岁，赠侍中，谥文正。《宋史》卷三百一十有传。大名：大名县，位于河北省东南部，冀、鲁、豫三省交界处。陈尧咨（970～1034）：字嘉谟，阆州阆中（今四川阆中）人。

真宗咸平三年（1000）进士第一，状元及第。历官右正言、知制诰、起居舍人、以龙图阁直学士知永兴军、陕西缘边安抚使、以尚书工部侍郎权知开封府、翰林学士、武信军节度使、知天雄军。不久病卒，赠太尉，谥曰康肃。《宋史》卷二百八十四有传。②视事：旧时指官吏到职办公。③圮（pǐ）：塌坏，破裂。④葺：修理。⑤悉：全部。⑥发其隐：揭发他的不足。

【译文】

王曾再一次去大名府替代陈尧咨的职务。就任之后，官府房屋有倒塌的，只在原有基础上修复，不作改动；减损的器物，也补充完整；原先的政令有不妥当的，就尽量弥补，前任做得不对的地方尽量予以掩饰。到他移任洛阳太守时，陈尧咨重回大名府任职，看到王曾所做的一切，感叹地说："王公真是适合担任宰相，我的度量远远赶不上他呀！"原来陈尧咨过去与王曾有过不愉快，猜想王曾此次一定会与自己的做法相反，并将自己的过失公开出来。

【延伸阅读】

前些年国人流行去国外

玩，有一个很经典的桥段，被大家当笑话听。说的是一个小镇镇长打着出国考察的名头，带着家人去了法国。一家人正在巴黎街头晃荡的时候，突然迎面走过一群熟悉的身影，并发出异常亲切的乡音。定睛一看，原来是邻居，他们也跨海而来了。在"他乡遇故知"的喜悦之余，也不觉很是感慨，"这个世界真是很小啊"。这个世界的确越来越小，这全是拜现代文明所赐。然而即便没有现代文明，类似的巧遇在古代也同样存在，所以小说中最常说"不是冤家不聚头"，王曾与陈尧咨就是一例。两人当年龃龉的时候，肯定想不到还会再有交集的地方。正如当年陶渊明在当彭泽县令的时候，想不到曾经的乡里小儿竟成了自己的顶头上司。不期而遇的尴尬局面，让他心理极不平衡，于是愤而辞官不干，这一走成就了他在历史上的赫赫声名。但王曾的反应就没有这么激烈，当对手的把柄全然掌握在自己手中的时候，他没有选择伺机报复，而是以自己的大度巧妙，得体地处理了这个烫手的山芋，既彰显了自己的胸襟也感动了对手。然而能够这样做的人的确很少，大多数人会选择落井下石，所谓的"痛打落水狗"，因为一般人很难拒绝这样的诱惑。于是一场原本简单的人际纠纷，最后竟演变为不可化解的血海深仇。王曾或许正是看到了这样的危险，才将这个看似有利的惩罚报复对手的机会，逆转为表达善意主动和解的契机。当然，最后他成功了。他成功的秘诀在于以德报怨，这也正是长久以来那些厚德长者们极为赞许的君子行为。

诋短逊谢

【原典】

傅献简公言李公沆①秉钧日，有狂生叩马献书，历诋其短②。李逊谢曰："俟③归家，当得详览。"狂生遂发讪怒④，随君马后，肆言⑤曰："居大位不能康济天下，又不能引退，久妨贤路，宁不愧于心乎？"公但于马上踧踖⑥再三，曰："屡求退，以主上未赐允。"终无忤也。

【注释】

①傅献简公：即傅尧俞（1024～1091）。北宋官员。原名胜二，字钦之，本郓州须城（今山东东平）人，徙居孟州济源（今属河南）。未及二十岁即举进士，历仕殿中侍御史、右司谏，因反对新法被贬，一度削职为民，宋哲宗朝，官拜给事中、御史中丞、吏部尚书兼侍讲等。元祐四年至六年（1089～1091），官拜中书侍郎。为官三十载，为仁宗、英宗、神宗、哲宗四朝重臣。哲宗元祐六年（1091）卒，年六十八。赠银青光禄大夫，谥宪简。事详《宋史·傅尧俞传》列传第一百。李公沆：李沆。字太初，洺州肥乡（今属河北）人。太平兴国五年（980）举进士甲科，为将作监丞、通判潭州，召直史馆。雍熙三年（986），知制诰。四年（987），迁职方员外郎、翰林学士。淳化三年（992），拜给事中、参知政事。出知河南府，俄迁礼部侍郎兼太子宾客。真宗成平初，自户部侍郎、参知政事拜同中书门下平章事，监

修国史，咸平初年改中书侍郎，又累加门下侍郎、尚书右仆射。真宗景德元年（1004）卒，年五十八。谥文靖。《宋史》卷二百八十二有传。秉钧：执政。②诋：说人坏话。短：不足。③俟：等，等到。④讪怒：诋毁斥责。⑤肆言：放肆地说。⑥踧踖（cù jí）：恭敬而不安的样子。

【译文】

傅尧俞说过，李沆当宰相的时候，有个狂妄的书生拦住他的马，献上一封信，历数他的过失。李沆谦虚地道歉说："等我回家以后，再详细地看你的书信。"那个书生愈发生气，跟随在李沆的马后，放肆地叫道："你占据了高位，却不能为天下老百姓谋利益，又不主动退位，拦住了贤人进取之路已经很久了，难道不感到惭愧吗？"李沆只是在马上很不安地说："我多次请求退下来，可是皇帝没有答应。"始终没有对那位书生的冒失举动生气。

【延伸阅读】

人真正的谦虚不是表面的恭敬、外貌的卑陋，而是发自内心的谦和。自满之徒到头来只会导致失败，谦虚之人才能得到益处。这是永远不变的真理。

泰国前总理川立派86岁的母亲川梅，是一个摆食品摊的小贩。她闲不住，虽然高龄了，但还在曼谷的一家市场内摆摊卖虾仁、豆、豆饼、面饼。她说："儿子当了总理，那是儿子有出息，与我摆摊并没有什么矛盾。我不觉得有什么丢人的，我很喜欢摆摊，在这儿，能见到很多的老朋友。"

川梅最高兴的事，就是看到儿子下班回家后狼吞虎咽地吃她亲手做的豆腐。泰国的媒体称赞他说："一个来自平民阶层的平凡母亲，教育出一名以其诚实正直而受人尊敬的总理。"而川梅在面对记者时却谦逊地表示："我其实没有做什么，我只不过在他小时候教导他做人必须诚实、勤劳和谦虚，我从不打骂

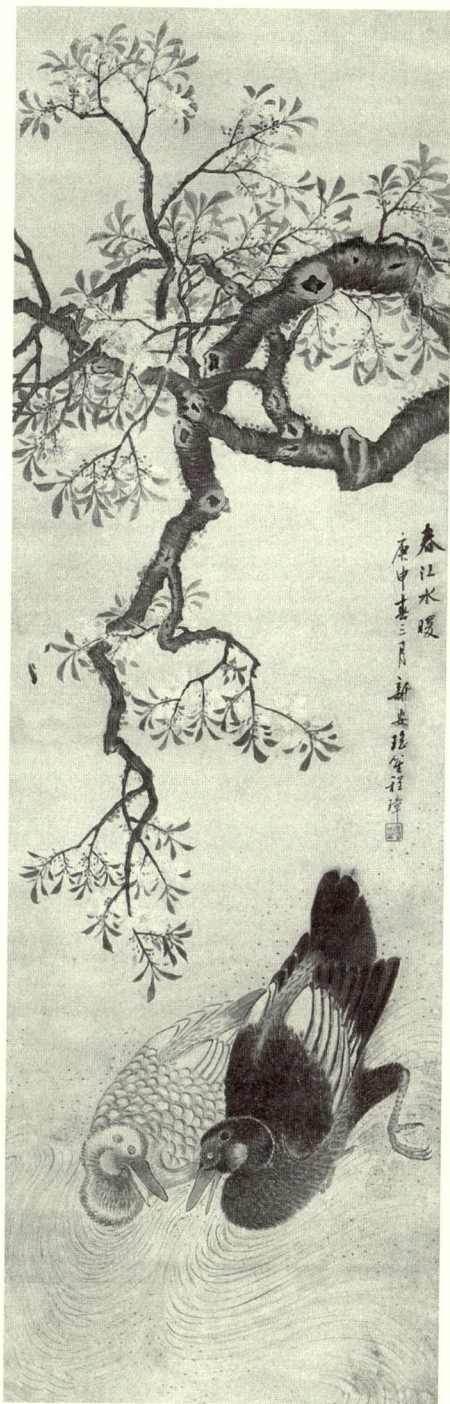

他，但我也记不得他有哪件事让我失望。"

与川梅的谦虚不同的是，世界上还有很多自以为是、沾沾自喜、自高自大的人，这类人往往目光短浅，犹如井底之蛙。

唐太宗说过一段很经典的警示语，颇见后人引用，"舟所以比人君，水所以比黎庶，水能载舟，亦能覆舟"，意思是说国君不要作威作福，要重视老百姓，看到这些人身上所蕴含的巨大能量，这就是国人引以为豪的所谓的"民本"思想。虽然中国文化中历来都强调"以民为本"，但是这种"民本"不过是手段，骨子里仍是为"官主体"服务的。所以从现实的情况来看，"官本位"才是国人长久以来难舍的情结。中国的老百姓对于官员的心态很复杂，也很奇妙。他们当面畏惧、奉承、艳羡，敬之若神灵；背后却嫉恨、诋毁、谩骂，贬之若强盗。然而回到现实生活中，不但自己视官职为肥差，而且还将观念灌输给子女，以跻身官场为莫大荣耀。所以在绝大部分的情况下，傅尧俞所看到的，穷书生当面斥责宰相的场面，是不太可能会发生的，因为书生应该是躲避还来不及，更遑论敢于当面叫板了。所以在傅尧俞眼中这个书生是"狂生"，因为只有"癫狂"的人，才会做出如此不合常规的事情来。不过同样的故事，我们也可以换个场景观察。从现代人的眼中看来，书生不过是一个有着很强社会良知的人，他不过是在履行一个公民的正常责任，如此而已。对于宰相而言，他的谦逊的反应，也很正常，因为无论职位多高，到底也不过是公务员，既然是为民服务，自然就得面对人民的质询了。此事放在现代语境中自属平淡无奇，但是在封建时代却不免惊世骇俗了。李沆的谦虚反应，完全出于个人的出色修为，是彼时昙花一现的风景，因为少所以弥显珍贵。

直为受之

【原典】

吕正献公著①，平生未尝较曲直②；闻谤，未尝辩也。少时书于座右曰："不善加己，直为③受之。"盖其初自惩艾④也如此。

【注释】

①吕正献公著：即吕公著（1018～1089），字晦叔，寿州（今安徽寿县）人，吕夷简之子。幼嗜学，至忘寝食，夷简器而异之。恩补奉礼郎。登进士第，通判颍州。欧阳修与为讲学之友。累官御史中丞。元祐初，拜尚书右仆射，兼中书侍郎，与司马光同心辅政，务一切持正。光疾革，以国事托之，独当国三年。哲宗元祐四年（1089）卒，年七十二岁，谥正献，封申国公，故又被称为吕申公，父亲吕夷简，也被封为申国公，也称吕申公。《宋史》卷三百三十六有传。②较曲直：计较对错。③直为：径直，直接。④惩艾：引以为戒。

【译文】

吕公著一生从来不与人计较是非曲直，听到别人诽谤他，也从不申辩。年少时写了一副这样的座右铭："别人对你做了不好的事，你只管承受下来。"他当初警励自己就如此严厉。

【延伸阅读】

孔子曾经教导子弟学《诗经》，称赞此书的好处说，"小子何莫学夫《诗》？《诗》可以兴，可以观，可以群，可以怨。迩之事父，远之事君，多识于鸟、兽、草、木之名。"这里面提到学习《诗经》的几个层次：

小孩可以藉此识字认名，年轻人则可以学会如何事父事君，境界最高者则能兴观群怨。其实不仅《诗经》如此，所有的事情皆然。不同层次的人可以读同一部经典，都可以获得各自的好处，只不过程度高低不同罢了，正如有人看到山，有人看到不是山，有人看到的还是其他事物。吕公著小时候写下座右铭"不善加己，直为受之"的时候，不知道是否完全明白话中的意思，以我们凡夫俗子的心态揣测前贤，这种可能性或许不会太高。他对此话的认知，大体仅停留在行的层面，未必理解何以如此。正如时下里，很多小朋友在大读国学，但很难想象这些小娃娃，能够深谙所读国学中的深意。他们只不过是先行机械记下，储备尽量多的材料，等待将来慢慢消化体味罢了。所以吕公著小时候的"不计较"，显然与他成人之后的"不计较"千差万别。不过话也说回来，古语有云"三岁看老"，一个人的未来前景，其实是由小时候延伸出去的，很难想象一个小时"不佳"之人，将来会"了了"。所以童子功也至关重要，因为这会奠定一个人的人生格局。所以史书在描述优秀人物的时候，都会写到他们小时候的与众不同，出色的人在小时候就很出色。"公著自少讲学，即以治心养性为本，平居无疾言遽色，于声利纷华，泊然无所好。暑不挥扇，寒不亲火，简重清静，盖天禀然。"然而吕公著的好品行，与其说出自禀赋，不如说是自觉修炼的结果。

服公有量

【原典】

王武恭公德用①善抚士，状貌雄伟动人，虽里儿巷妇②，外至夷狄，皆知其名氏。御史中丞孔道辅③等，因事以为言，乃罢枢密，出镇，又贬官，知随州④。士皆为之惧，公举止言色如平时，唯不接宾客而已。久之，道辅卒，客有谓公曰："此害公者也。"愀（qiǎo）然⑤曰："孔公以职言事，岂害我者！可惜朝廷亡一直⑥臣。"于是，言者⑦终身以为愧，而士大夫服公为有量。

【注释】

①王武恭公德用：王德用（979～1057），字元辅，原赵州（今河北赵县）人。十七岁随军出击李继迁，为先锋，率万人战铁门关，俘获甚多。累迁内殿崇班，历殿前左班都虞侯、英州团练使等。天圣初，以博州团练使知广信军，后历知冀州、随州、青州、澶州等地。明道间拜保静军节度使、定州路都总管，使契丹慑服议和，以功拜同中书门下平章事，封祁国公，改冀国公。皇祐三年（1051），以太子太师致仕。后起为河阳三城节度使、枢密使，同中书门下平章事，封鲁国公。年七十九卒，追赠太尉、中书令，谥武恭。事详《宋史·王德用传》列传第三十七。②虽：即使。里儿巷妇：街道胡同里的妇女儿童。③御史中丞：秦始置。汉朝为御史大夫的次官，或称御史中执法，秩

千石。汉哀帝废御史大夫，以御史中丞为御史台长官，后历代相沿，唯官名时有变动。孔道辅（987～1040）：初名延鲁，字原鲁，山东曲阜（今山东曲阜）人，孔子第四十五世孙。年二十五进士及第，为宁州军事推官。历任大理寺丞、太常博士、左正言、直史馆。后奉使契丹，道除右司谏、龙图阁待制。仁宗明道二年（1033），召为右谏议大夫、权御史中丞。后徙徐州，又徙兖州，进龙图阁直学士，迁给事中。在兖三年，复入为御史中丞。因事触怒帝，出知郓州，赴任途中，发病卒，后仁宗思其忠，特赠尚书工部侍郎。《宋史》卷二百九十七有传。④随州：位于湖北省北部，闻名于世的编钟出土于此。⑤愀（qiǎo）然：悲伤严肃的样子。⑥直：耿直。⑦言者：说那番话的人。

【译文】

王德用对待部下很好，他身材魁梧仪表不凡，即使是住在深巷中的妇女儿童和远在边鄙的少数民族，都知道他的名字。御史中丞孔道辅等人借事弹劾，于是王德用被免去了枢密院的职务，离开京城，到外地做官。后来他又再次遭到贬谪，来到随州任知州。官员们都很替他担心，可是王德用的言行举止却如同平时一样，只是很少和宾客朋友来往罢了。过了很久，孔道辅去世了，有一位朋友幸灾乐祸地对王德用说："这就是那个迫害您的人的下场啊！"王德用却伤心地说："孔道辅在其位言其事，怎么能说是害我呢？可惜朝廷损失了一位直言忠诚的大臣。"说话的人为此终身感到惭愧，官员们都很佩服王德用有雅量。

【延伸阅读】

民间有这样的说法，如果南方人长着北方人的相貌，北方人长着南方人的相貌，均属于贵不可言的例子。类似的说法还有，男人生有女人的面相，以及女人生有男人的面相等。虽是迷信之说，但也并非完全无稽。从大类来说，男人外向果敢但未免莽撞，女人内向细心但未免柔弱；南方人机警细心但未免纤弱，北方人豪爽直率但未免粗犷。因为常人往往只拥有某一方面的长处，所以上述的民间说法，不过是理想的调停之法，希望一个人同时兼有多种优点，若能如此自然会较之他人优长，脱颖而出的概率自然也高。以职业而论，如果一个知识分子同时又拥有军人的气质，也会为他将来的腾飞插上翅膀，反之亦然。王德用就属此类。他出身将门从小行伍历练，在沙场征战中树立了自己的威名，斩将搴旗的功业也将自己推到了官场的巅峰。功高震主，自然会引发他人的猜忌，而以军功至高位，尤其危险。史书称"德用状貌雄毅，面黑，颈以下白晰，人皆异之。言者论德用貌类艺祖，御史中丞孔道辅继言之，且谓德用得士心，不宜久典机密。"此时此刻，王德用的处境是十分危险的，所以他从枢密院中出来到京外任职，不啻为化险为夷的险棋。孔道辅虽然是出于国家的考虑，弹劾了王德用，但客观上却帮了他，所以王德用并不嫉恨于他。事实上宋代自太祖赵匡胤就主文官政治，武将人相本就不是常态。当然一般人分不清家事国事，将公事与私事混淆，公报私仇的现象比比皆是，王德用则是公私分明，因为立身处世丝毫不乱，所以才能在人生危险中化险为夷。

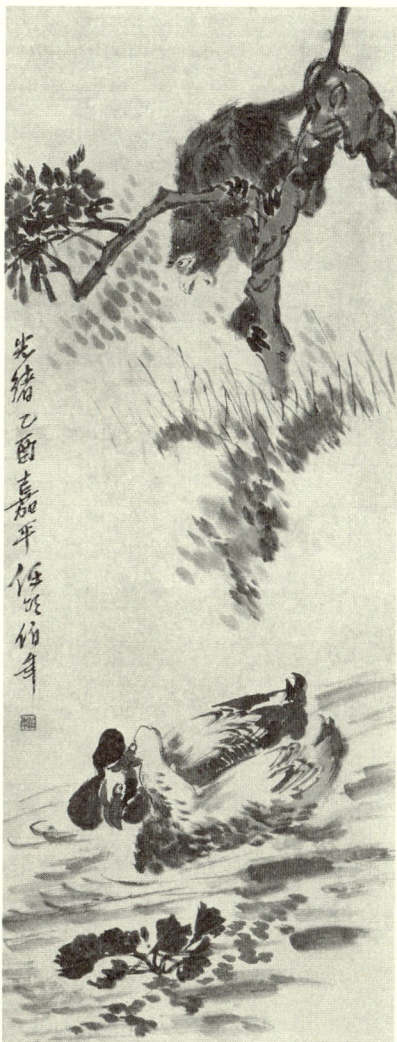

宽大有量

【原典】

《程氏遗书》^①：子^②言：范公尧夫^③宽大也。昔余^④过成都，公时摄帅^⑤。有言公于朝者，朝廷遣中使^⑥降香峨嵋，实察之也。公一日在子款语^⑦，子问曰："闻中使在此，公何暇也？"公曰："不尔^⑧，则拘束已而。"中使果然怒，以鞭伤传言者耳。属官喜谓公曰："此一事足以塞其谤^⑨，请闻于朝。"公既不折^⑩言者之为非，又不奏中使之过也。其有量如此。

【注释】

①《程氏遗书》：即《二程遗书》，又称为《河南程氏遗书》，共二十五卷。该书是北宋理学家程颢、程颐的弟子记载二程平时的言行，其中言论居多。二程的著作有后人编成的《河南程氏遗书》《河南程氏外书》《明道先生文集》《伊川先生文集》《二程粹言》《经说》《二程遗书》等，程颐另著有《周易传》。此事出自《河南程氏遗书》卷第二十一上。②子：指程颐（1033～1107），字正叔，洛阳伊川（今河南伊川）人，人称"伊川先生"，北宋理学家和教育家。为程颢之胞弟。历官汝州团练推官、西京国子监教授。哲宗元祐元年（1086）除秘书省校书郎，授崇政殿说书。与其胞兄程颢共创"洛学"，为理学奠定了基础。《宋史》卷四百二十七有传。③范公尧夫：即范纯仁（1027～1101），

字尧夫，范仲淹次子。详见"唯得忠恕"条。④余：我。⑤摄帅：兼管当地军务。⑥中使：宫中派出的使者，多指宦官。⑦款语：亲切交谈。⑧不尔：不这样的话。⑨塞其谤：阻止他人的诋毁。⑩折：批评。

【译文】

《程氏遗书》：程颐说："范尧夫宽大为怀。从前我经过成都时，范尧夫兼管军中事务。有人在朝廷中告了范尧夫的状，朝廷派使者去峨眉山烧香，实际上是暗中视察范尧夫的政事。一天，范尧夫与程颐闲谈，程颐问他："听说朝廷的使者在这里，此时您怎么能有闲功夫呢？"范尧夫说："如果不这样，反而显得拘束。"后来使者十分恼怒，用鞭子打伤了走漏消息的人的耳朵。范尧夫手下的官员高兴地对他说："这一件事足以使他不敢在朝廷中诽谤您了，请把这件事上报朝廷。"范尧夫既没有指责诽谤自己

的人，也没有奏报使者打人的事。其度量如此之大。

【延伸阅读】

史书记载周厉王很残暴，国人诽谤他。大臣们告诉国王说，老百姓过不下去了！国王非但不改，还很生气，特意委派巫师去监视国人，只要发现说坏话的，就抓起来杀掉。此令一出，老百姓都不敢说话了，以至于在路上碰见，也只敢眼神交流。结果"三年乃流王于彘"。(《国语·周语》)这就是著名的周厉王止谤的故事。故事告诉我们，对于他人的批评意见，是不能强行阻止的，好比是治理河水，只能因势利导，国家如此，个人也是一样。当然他人的诽谤，有些是实事求是，有些是无中生有，对于前者我们通常会认同，但对于后者则绝少能接受，因为人们很难心甘情愿地被冤枉。范尧夫正是这样的"冤大头"，他对别人空穴来风的栽赃，也不予分辨，哪怕诽谤可能会影响到自己的前途，甚至危及生命。他选择了清者自清的姿态，以超然的冷静，等待诽谤的尘埃自行落地。更难得的还在于，在事情完全清白之后，他不予追究的旷达和大度。前者可能有人能做到，但后者则少有人能及，以至于连德高望重的程颐，对此也佩服不已，叹其"宽大"。其实从解决问题的角度来看，对于他人的谤言，最佳的方法就是冷处理，正如俗语所说的"流言止于智者""事实胜于雄辩"。但是这个最佳的方法，却是以反面的方式践行的。这种以退为进的策略，需要极大的魄力和心理承受力，而绝非一般的凡众所能为，只有真正的智者才能够参透。苏轼曾说过"大勇若怯，大智若愚"，诚然！

呵辱自隐

【原典】

李翰林宗谔①，其父文正公昉②。秉政时避嫌远势，出入仆马，与寒士无辨③。一日，中路逢文正公，前趋不知其为公子也，遽呵④辱之。是后每见斯人，必自隐蔽⑤，恐其知而自愧也。

【注释】

①李翰林宗谔：李宗谔（964～1012），字昌武，深州饶阳（今河北饶阳）人，李昉之子。耻以父任得官，独由乡举第进士，授校书郎。又献文自荐，迁秘书郎，集贤校理，同修起居注。真宗时，累拜右谏议大夫。初，昉居三馆两制之职，不数年，宗谔并践其地。风流儒雅，藏书万卷。内行淳至，尤好勤接士类，奖拔后进。宗谔工隶书，为西昆体诗人之一。真宗大中祥符五年（1012）卒，享年四十九岁。《宋史》卷二百六十五有传。②文正公昉：李宗谔的父亲李昉（925～996）。李昉，字明远，深州饶阳（今河北饶阳）人。后汉乾祐年间进士。官至右拾遗、集贤殿修撰。后周时任集贤殿直学士、翰林学士。宋初为中书舍人。宋太宗时任参知政事、平章事。雍熙元年（984）加中书侍郎。至道二年（996），李昉陪皇帝去南郊祭祀，跪拜时摔倒，几天后去世，谥文正，《宋史》卷二百六十五有传。③寒士：出身低微的读书人。无辨：没有区别。④遽（jù）呵：严厉呵斥。⑤隐蔽：远离避开。

【译文】

李宗谔的父亲是李昉，他在父亲执政时，主动地避开嫌疑，远离权势，车马俭朴，与贫寒的读书人没有区别。一天，在路上碰到父亲李昉，其父马前的官吏不知道他是公子，严厉呵斥并侮辱了他。此后，李宗谔每见到这个人，都主动让开，以免让他知道自己的真实身份而感到惭愧。

【延伸阅读】

在大众的印象中，富家子弟贵胄门人，多有气焰嚣张飞扬跋扈，以至于谈及这些小辈，多有负面的评价。前些年河北某公安局副局长的儿子，在车祸伤人之后，叫嚣自己的父亲是李刚，别人不敢拿他怎么样。一时间"我的父亲是李刚"的反讽，举国皆知。这是一个官二代仗势欺人的恶例。官富子弟原本就不好的形象，更是被拖向了谷底。当人们指责这些小孩行径不良的时候，肯定忽略了如下的事实，即这些恶果的养成，很多人都难辞其咎，换句话说，自己可能就是其中的助纣为虐者。鲁迅先生写过一篇文章，

说的是"我们现在怎样做父亲",文中讲到一个重要的事实,就是大人在教训子女不要如何如何的时候,已经忘记了自己也是从小孩子过来的。事实上很多人患有健忘症,对子女的教育尤其如此。中国人对教育的重视全球出名,但是很多中国人的教育是十分功利的,他们关心的是分数多少、学校层次高低以及工作好坏,种种都指向实际利益。这种教育是一种工具利益的教育,与古人所谓的养成为己的教育相悖。我们一方面痛心社会风气如何不好,小孩子如何的品德不佳;一方面又教导子弟要好好学习,考更高的分数,而视思想品行为摆设。这样的教育如何能够指望子女能够走正道,社会风气如何能够清芬呢?一个举动嚣张的小孩背后,一定有一个纵容宠溺的家长。反之亦然。李宗谔生在高门却能低下谦卑,除了自己的自觉自律之外,还有一个良好的家庭。史书说他的父亲李昉,"昉和厚多恕,不念旧恶,在位小心循谨,无赫赫称""雍熙初,昉在相位,上欲命宗讷为尚书郎,昉恳辞,以为非承平故事,止改秘书丞,历太常博士"。李宗谔去世后,"帝甚悼之,谓宰相曰:国朝将相家能以声名自立,不坠门阀,唯昉与曹彬家尔"。(《宋史·李昉传》)有这样优秀的父辈示范,李宗谔能够做到谦卑避嫌,也就不难理解了。

容物不校

【原典】

傅公尧俞在徐①，前守侵用公使钱，公寝②为偿之。未足而公罢，后守反以文移③公，当偿千缗④，公竭资且假⑤贷偿之。久之，钩考得实⑥，公盖未尝侵用也，卒不辩。其容物⑦不校⑧如此。

【注释】

①傅公尧俞：傅尧俞（1024～1091），字钦之，本郓州须城（今山东东平）人，徙居孟州济源（今属河南）。未及二十岁即举进士，历仕殿中侍、御史、右司谏，因反对新法被贬，一度削职为民，宋哲宗朝，官拜给事中御史中丞、吏部尚书兼侍讲等。元祐四年至六年

（1089～1091），官拜中书侍郎。为官三十载，为仁宗、英宗、神宗、哲宗四朝重臣。哲宗元祐六年（1091）卒，年六十八。赠银青光禄大夫，谥曰宪简。《宋史》卷三百四十一有传。徐：徐州，今属江苏省。②寖：逐渐地。③移：旧时公文的一种，用于不相统属的官署间。④缗（mín）：古代计量单位，一千钱称缗，同"贯"。⑤假：借。⑥钩考得实：经调查证实。⑦容物：气量大，能容人。⑧不校：不计较。

【译文】

傅尧俞任徐州太守时，前任太守挪用了公家的钱物，傅尧俞逐渐地暗里替他填补亏空，但是他还没有填满，就被免职了。接任太守写信给傅尧俞，说他应当再还公家一千缗。傅尧俞便拿出全部家产，还借了钱财将这笔钱还足。过了很久，有关部门考核证实这钱不是傅尧俞挪用的，但他自己却始终没有申辩。他能容忍而不计较别人到了如此地步。

【延伸阅读】

做好事难不难？难也不难。说不难，在于做好事的门槛很低，善心一动就可完成；说难，在于有些好事不好处理，有些好事太难持续，有些好事没法结尾。人们常说"做一件好事不难，难的是一辈子做好事""好事要做到底，送佛要送到西天"，表达的就是类似的意思。所以我

们看到，大街上有老人摔倒了，路人都绕道而行，这样的好事人们之所以不做，是因为害怕引发"后遗症"。新中国做好事的人何止千万个，但人们只记住了雷锋，因为他坚持了一辈子。傅尧俞的与众不同，在于他将一件好事坚持到了最后。他看到前任挪用了公款，就想用自己的私人积蓄为其填平，这样做的目的，是为了保全前任的名声，但没有想到事情中途还有变数，使得还款计划没有及时完成，于是问题暴露。如果此时申辩的话，自己虽然可以免责，但前任就要被追究，而此前所做的一切都将白费，于是他选择了继续做好事，结果是自己被卷入其中，承受了不少不相干的屈辱，但直到最后真相大白，他也没有申辩。古语说"靡不有初，鲜克有终"，意谓"善始善终"不容易，傅尧俞却做到了，也因此赢得了后人的赞誉。然而我们在佩服傅尧俞的好心之余，也不由得对他办事的效果产生怀疑。与其说傅大人是做了好事，还不如说他是在姑息养奸，因为挪用公家财物，无论如何都不会是小节，而且替人填补的做法，既对自己不利，于对方也不见得好，因为事情最后还是现出了真相。如此看来，傅尧俞此时是不是做了好事还很成问题，更别说他的好心阻碍了司法，让一个原本很简单的事情，没来由变得复杂了。所以我们肯定他的人品，却不赞成他的做法。

德量过人

【原典】

韩魏公①镇相州，因祀宣尼②省宿，有偷儿入室，挺刃曰："不能自济③，求济于公。"公曰："几④上器具可直百千，尽以与汝。"偷儿曰："愿得公首以献西人⑤。"公即引颈。偷儿稽颡⑥曰："以公德量过人，故来相试。几上之物，已荷⑦公赐，愿无泄也。"公曰："诺。"终不以告人。其后为盗者以他事坐罪，当死，于市中备言其事，曰："虑吾死后，惜公之遗德⑧不传于世。"

【注释】

①韩魏公，即韩琦。注见"不形于言"条。②宣尼：孔子。西汉平帝元始元年，追谥孔子为褒成宣尼公，后因称孔子为宣尼。③自济：养活自己。④几：几案。⑤西人：指西夏，当时为北宋的敌国。⑥稽颡（qǐ sǎng）：古代一种跪拜礼，屈膝下拜，以额触地，表示极度的虔诚。⑦荷：承蒙。⑧遗德：留下德泽。

【译文】

韩琦镇守相州时，因为祭祀孔子庙就住在官府。有一个小偷溜进房中，拿着刀对韩琦说道："我不能养活自己，所以向您求助。"韩琦说："案桌上的器皿可以值不少钱，都给你吧。"小偷说："我想割下你的头，献给西边的西夏人。"韩琦当即伸着脖子让他杀头。小偷叩头说："听说你的度量很大，所以来试试你。案桌上的器皿我拿走了，希望你不要将此事说出去。"韩琦说："我答应你。"他果真信守诺言，终身没有告诉别人。后来，这个小偷因为犯了其他的事被判罪，将要被处死，在刑场上他说出了这件事的详细情况。他说："我担心我死以后，韩魏公留下的德行没有人知道，所以一定要说出来。"

【延伸阅读】

韩琦临危不惧，看淡生死，真正做到了孟子所说的"威武不能屈"，的确是大丈夫。但作者以为，此事还见出了韩大人的"德量过人"，则似乎多有夸词了。因为从整个事件来看，韩琦的处理过程，并没有显示德量的地方。自己遭人劫持，虽然最后坦然处理了，但却不能说是体面的事情，即便是从普通人的心理来说，也会选择沉默不宣。偷儿的说辞尤其蹊跷，自己本就是偷盗，想必韩琦也不熟识，何来"愿无泄"的请求呢？而且退一万步讲，韩大人即便泄露了此事，于此偷儿又有何碍呢？所以韩琦保守秘密，完全是于己有利，而与偷儿无关。如果说偷儿对韩琦还有所感念的话，猜想也只在韩琦听凭他取走了器皿，助他渡过了难关，如此而已。事实上，此事应该是偷儿舍大取小，放了韩琦一马，显示了"盗亦有道"的难得，不成想却被说成了韩琦大度的证明。正如当年关羽在华容道放走曹操，原本展示的是武圣人的大度，却被解读为曹孟德的德量。生活中莫名其妙的滑稽之事，莫此为甚了。以故事结尾而论，偷儿在刑场上告白，他自以为是在扬人之长，但实际上却是揭人之短的事，想必韩琦是不愿别人以这样的事情来夸奖自己的。所以我们以为，即便这个故事是真实的，只能说明韩琦拥有处变不惊的将相涵养，但却不能说他有德于人，更遑论"德量过人"了。

凡事不可能是完全均衡的，每一个新生力量都有一个由弱到强的过程。当你处于创业之初，缺兵少粮的情况下，要能忍住急于求成的心理状态。不可过度暴露自己，在别人将你忽略的情况下，借着良好的外界条件，来壮大自己的力量，达到强大自己的目的。

如果你具有大将之才，自会有风光发达之时，而不要时时处处显示自己的强大，事事要求别人听从你的指挥，顺从你的意志行事，你更应该注意保持和发展自己的优势，尽一切可能掩饰表面的强壮，而达到真正的强大。

有一个商场营业员，遇一个中年男子来退一只电饭锅。那锅已经用得半新半旧了，他却粗声粗气地说："我用了一个多月就坏了，这是什么鸟货？你再给我换一只！"

营业员耐心解释，他却大吼大嚷，并满口脏话说什么"我来了你就得给退，光卖不退算个鸟！"

营业员虽然占理，但为了不使争吵继续下去，便温和地对他说："这种电饭锅已经用一段时间了，又没有质量问题，按规定是不能退的。可是你执意要退，那就干脆卖给我好了。"

就在她掏钱的时候，那个粗暴的男顾客脸红了，他终于停止了争吵，悄然离去。

请牢记：忍一时风平浪静，退一步海阔天空。面对蛮横无理者，得理者若只用以恶制恶的方式，常常会大上其当。这时候，平息风波的较好方式，莫过于得理者勇敢地站出来，主动承担责任，以自责的方式对抗恶人恶语，以柔克刚。

众服公量

【原典】

彭公思永①，始就举时，贫无余赀②，惟持金钏③数只栖于旅舍。同举者过④之，众请出钏为玩。客有坠其一于袖间，公视之不言，众莫知也，皆惊求之。公曰："数止此，非有失也。"将去，袖钏者揖而举手，钏坠于地。众服公之量。

【注释】

① 彭公思永：彭思永（1000～1070），字季长，庐陵（今江西吉安）人。仁宗天圣五年（1027）进士，授南康军判官，移知广州南海县。又知潮州、常州，寻召为侍御史。侬智高叛，除荆湖北路转运使，改益州路转运使，召为户部副使。岁余，以天章阁待制充陕西都转运使。英宗治平初，召

為御史中丞。神宗即位，出知黃州，改太平州。神宗熙寧三年（1070），以戶部侍郎致仕，卒，年七十一。《宋史》卷三百二十有傳。程顥《明道文集》卷三有《故戶部侍郎致仕彭公行狀》。②貲（zī）：同"資"。③釧：用珠子或玉石等穿起來做成的鐲子。④過：登門探視。

【譯文】

彭思永當初參加科舉考試時，家中貧窮，沒有參加考試的錢，只帶了幾隻金釧，住在旅館裏。一同參加考試的人請他把金釧拿出來看一看。有一位客人把其中的一隻金釧藏到衣袖中，彭思永看到了也沒有說什麼，其他的人卻不知道，都驚慌地尋找。彭思永說："金釧只有這些，沒有丟失。"眾人準備離去，袖子中藏著金釧的人舉起手作揖告別，金釧便掉下地來。大家都很佩服彭思永的度量。

【延伸閱讀】

大家對彭思永很佩服，大體有以下三個層面的意思。首先彭思永不重財。雖然人們常說"錢財乃身外之物"，但是很多人仍奉行"金錢萬能"。所以說到底，生活中真正不重錢的人，實在是不多。《圍城》中有一個橋段，某上海買辦看上方鴻漸，想招他入贅做女婿，為

145

了测验方鸿渐的人品，就故意设计一个牌局，不知就里的方鸿渐，在牌桌上丑态百出，最后赢了不少钱，却输掉了富家大小姐。其实考验一个人的金钱观，最好的办法，莫过于处穷，如果在缺钱的时候，还能廉洁自律的话，那么他的人品一定不差。故事中的彭思永家中很穷，但他却不恋财。史书上讲了他小时候的故事，"为儿时，旦起就学，得金钗于门外，默坐其处。须臾亡钗者来物色，审之良是，即付之。其人欲谢以钱，思永笑曰：'使我欲之，则匿金矣。'"小时候秉性如此，长大依然未变。其次彭思永能容人。一般人对于别人的过错，都会不留情面地指出，让当事人很尴尬。如果事情涉及到自己利益，更会言辞激烈，咄咄逼人。别人做得不好固然可以批评，但方式未必要充满火药味。事实上，很多人是小题大做，得理不饶人，比照彭思永的"视之不言"，高下立判。最后彭思永能吃亏。通常人最怕吃亏，有时候为了一点蝇头小利，也斤斤计较，更不要说牺牲自我了。若干年前陈凯歌导演的电影《无极》，刚一推出就引发骂声一片，甚至被人调侃为"一个馒头引发的血案"。馒头尚能引发血案，更何况是价值不菲的金钗呢？彭思永能吃亏，而且吃得很坦然。如果能够做到其中一点，一般人也足以为人称道，何况彭思永是三者兼具？所以有大量的人方能成大事，信然！

还居不追直

【原典】

赵清献公①家三衢②，所居甚隘③，弟侄欲悦公意者，厚以直④易邻翁之居，以广公第。公闻不乐，曰："吾与此翁三世⑤为邻矣，忍弃之乎？"命亟⑥还公居而不追其直。此皆人情之所难也。

【注释】

①赵清献公：赵抃（1008～1084），字阅道，宋衢州西安（今浙江衢州）人。景祐元年（1034）进士，任殿中侍御史，弹劾不避权势，时称"铁面御史"。平时以一琴一鹤自随，为政简易，长厚清修，日所为事，夜必衣冠露香以告于天。年四十余，究心宗教。累官至参知政事，以太子少保致

仕，卒后谥清献，苏轼曾为之作《清献公神道碑》。《宋史》卷三百一十六有传。②三衢：三条大路的交叉口。③隘：逼仄。④厚以直：用很高的价钱。⑤三世：古人以三十年为一世。此处应指三代。⑥亟（qì）：立刻，马上。

【译文】

赵抃家住在三条大路交界的地方，住房很拥挤，他的弟弟侄儿们想讨他欢心，就用了很高的价钱买下了邻屋一位老人的房子，打算扩建赵家住宅。赵抃听到这件事很不高兴，说："我和这位老人做了三代的邻居，怎么能忍心抛弃他呢？"命令弟弟侄子们立即将房子归还给老人，同时还交代不要追回买房子的钱。以上这些都是一般人从情感上难以做到的。

【延伸阅读】

房子历来是国人很费心也愿意费心的地方，从古代的地主庄园，到当下的富家别墅，但凡人们手中有了钱财，购房都会是首选。辛弃疾曾说"求田问舍，怕应羞见刘郎才气"，虽然感慨的是某些人壮志消磨，但也客观上说明了很多人的真实心态。这种心理当然与中国人重土安迁的传统有关，几千年来的农业文明，使国人习惯了待在一个地方，即便是离开了故土身在异乡，也必须要有房产傍身，否则便会有漂泊无根的感觉，俗话说"安居乐业"表达的就是这样的意思。然而从杜甫的"安得广厦千万间，大庇天下寒士俱欢颜"，到顾况的"京城米贵，居大不易"等，又说明对于很多人，尤其是那些少钱的人来说，"安居乐业"也不是一件容易的事情。赵丞相家的情况，与上述都不相同。

他虽然身居高位，却没像其他很多官员一样，改善自家的居住条件，而是依然挤在局促的老宅子。不仅如此，对于家人背地里所做的改善工作，赵抃不但不领情，反而很不高兴，将排斥豪宅的行动坚持到底。这些都是与人的常情相反的，所以故事结尾感叹"此皆人情之所难也。"赵抃不愿扩房的一个很大理由，正是邻里之间的温情。他说"我和这位老人三代都是邻居，怎么忍心抛弃他呢？"类似的故事在齐国名相晏子的身上也发生过。国君鉴于晏子的巨大功劳，就想改善他的住房，但是晏子一直不同意，于是就趁着他外出的机会，强行将他的家改了，但是晏子回来之后，并不领情，重又将房舍改回了原样，理由是父辈的遗物，不容改变。虽然有些极端，但晏子看重的同样是人情。在当今人们交相"言利"的时代，重温古人的"重情"故事，特别感慨。

持烛燃须

【原典】

宋丞相魏国公韩琦帅定武①时，夜作书，令一侍兵持烛于旁。侍兵它顾，烛燃公之须，公遽②以袖摩之，而作书如故。少顷③回视，则已易④其人矣。公恐主吏鞭笞⑤，亟呼视之，曰："勿易渠⑥，已解持烛矣。"军中咸服。

【注释】

①定武：指北宋定武军，治所在定州，今属河北保定。②遽：急忙。③少顷：过了一会儿。④易：更换。⑤鞭笞（chī）：鞭打。⑥渠：方言，他。

【译文】

宋朝丞相韩琦，率兵在定武时，晚上写信，让一个侍兵举着蜡烛站在身旁照明。侍兵因为看别的地方，所以蜡烛倾斜烧到了韩琦的胡须，他急忙用衣袖拂灭，继续写字。过了一会儿回过头来一看，已经换了一个侍兵举着蜡烛。韩琦担心主管的人鞭打那个侍兵，连忙命令将人带回来，说："不要换掉他，他已经知道怎样举蜡烛了。"军队上下都十分佩服韩琦的大度。

【延伸阅读】

中国人受儒家思想的影响，做事情好讲中庸之道，所谓的不偏不倚居中最好，过犹不及两头都差。在很多事情上，中庸的态度是可行的，但有时也不尽然。比如"大事化小"通常被认为是大度，而"小题大做"则会被视为忌刻。于是韩琦宽恕了举烛的士卒，"军中咸服"，因为韩琦正是在"大事化小"。士卒受命举着蜡烛，为军中最高长官照明，本就是在执行任务，所以当蜡烛烧了主帅胡子的时候，他的确是犯下了过错，受到处罚也是理所当然。这样的事情不能算小，只是韩琦宽容大度，所以就不予计较。如果是换作其他的人，这个士兵的下场就很不妙了。春秋时期晋国出了一个古怪的君王灵公，他在位期间做事荒唐，曾经在高楼之上用弹弓打人，看人逃窜取乐。有一次厨子煮熊掌没熟，灵公一怒之下就将他杀了，还将其尸体装在簸箕里面，还让宫女抬着出宫门。虽然说祸是厨子自己惹下的，但也罪不至死。在晋国同样的悲剧差一点再次发生，话说一次晋平公打猎的时候，射伤了一只小鸟，叫身边的小宦官去抓，没想到却让小鸟跑掉了，国君很生气，将宦官绑起来要杀头，幸亏大臣劝解才饶其一命。虽然这些人是时运不济，碰上了脾气坏的主子，所以因小失大，丢了性命。但是这种情况放到封建时代里面，却也十分寻常。古话说"伴君如伴虎"，就是说作为朝中的高官，即便是一人之下的朝中大员，也会在意想不到的情况下，丢了官丧了命。在当下的社会中，虽然部下的小错不至于丧命，但若碰上了斤斤计较的上司，也足以让人难堪。所以吹毛求疵的上司不讨人喜，因为他没有弄明白人毕竟是人，是人就会犯错误，适当宽容才显人情味。

物成毁有时数

【原典】

魏国公韩琦镇大名①日，有人献玉杯二只，曰："耕者入坏冢②而得之，表里无瑕可指，绝宝也。"公以白金答之。尤为宝玩，每开宴召客，特设一桌，覆以锦衣，置玉杯其上。一日召漕使③，且将用之酌酒劝坐客，俄为一吏误触倒，玉杯俱碎，坐客皆愕然④，吏且伏地待罪。公神色不动，笑谓坐客曰："凡物之成毁，亦自有时数。"俄顾⑤吏，曰："汝误也，非故也，何罪之有？"坐客皆叹服公宽厚之德不已。

【注释】

①大名：大名县，位于河北省东南部，冀、鲁、豫三省交界处。②坏冢：损坏塌陷的坟。③漕使：负责漕运的官员。④愕然：吃惊的样子。⑤顾：回头看。

【译文】

魏国公韩琦在镇守大名府时，有人献上两只玉杯，说："这是种田的人在塌陷的坟中找到的，里外都没有瑕疵，是绝世之宝。"韩琦用白金酬谢献杯的人。韩琦对玉杯十分喜爱，每逢设宴招待客人，他都会特别摆一张桌子，上面铺上锦缎，将玉杯放在上面。有一天，招待管理水运的官吏，准备用这两只玉杯装酒，款待客人。不久，一位侍卒不小心撞倒了桌子，两只玉杯都被摔碎了。客人们都惊呆了，那位侍卒也伏在地上等候惩罚。韩琦脸色不变，笑着对客人们说："任何物品的出现和毁坏，都有一定的定数。"过了一会儿，韩琦回头对那位侍卒说："你是失误造成的，并不是故意的，有什么过错呢？"客人都对韩琦宽厚的德行和度量佩服不已。

【延伸阅读】

人都有爱美爱好的本能，对于出色的东西，见到了往往会心向往之，得到了通常会宝玩秘藏。这些都寻常得见，属于人之常情。德高望重的魏国公，也有人俗的一面，他见到了别人献送的精美玉杯，也珍爱宝玩，将其视为贵重之物，待以出格的礼遇。他不像有些官员，面对宝物，十分排斥，将

其视为尤物，避之犹恐不及。郑国的执政子产就属于这样的人。国人得到了一块美玉，担心私藏惹祸，出于对国相的崇敬，就献给子产。子产请人将玉琢磨之后，送还了本人。子产的回绝虽然廉洁，但显得过于严肃；相比之下，韩琦的爱宝虽然世俗，却充满了人间烟火气。不过韩琦的高明，既不在于对得到古玩的用情，也不在于对失去古玩的超然，甚至也不在于对部下过错的宽容，而在于他能够给出得体的宽慰说辞，让对方能够自在无愧地忘记过错，体面从容地下台。设想当时韩琦只是对事情一笑了之，虽然也可以展示他的宽容大度，但却少了一种真诚和淡然。韩琦将珍贵的玉杯无意间被毁，解释为"时数"，也就是人们通常说的"天意"。如果"凡事都有天意，凡事都是命定"的话，玉杯的损毁也就应淡然处之，所谓"该来的都要来，该走的自会走"，又何怒之有呢？正如庄子的妻子离世，别人都在伤心悲戚的时候，他却坐在地上鼓盆而歌，他的解释是，生死都是自然的，有什么好难过的呢？古人在事情无法逆转的时候，都会将不幸的原因归结为天意：说"道之将行也与，命也；道之将废也与，命也。公伯寮其如命何"的孔子，说"天亡我，非战之罪"的项羽，虽不见得都是真心话，但也显出了悲壮和超然，韩琦的"自有时数"同样如此。

骂如不闻

【原典】

富文忠公①少时，有骂者，如不闻。人曰："他骂汝。"公曰："恐骂他人。"又告曰："斥公名云富某。"公曰："天下安知②无同姓名者？"

【注释】

①富文忠公：富弼（1004～1083），字彦国，洛阳（今河南洛阳东）人。宋仁宗天圣八年（1030）以茂才异等科及第，历知县、签书河阳节度判官厅公事、通判绛州、郓州，召为开封府推官、知谏院，知制诰、枢密副使、枢密使，进封郑国公，因反对王安石变法，称疾求退，出判亳州。神宗元丰六年（1083）病逝，享年七十九。赠太尉，谥曰文忠。《宋史》卷三百一十三有传。②安知：怎么知道。

【译文】

富弼少年时代，有人骂他，他就像没有听见一样。有人告诉他说："他在骂你。"富弼说："恐怕是骂其他人。"那个人又告诉他："他指名道姓地骂你。"富弼说："天下难道就没有同姓名的人吗？"

【延伸阅读】

我们不难发现，社会总是存在恃强凌弱的现象，这似乎是亘古不变的定律。但是如果仔细想想，要是能想到强弱会有所转化的时候，你也许就不会再恃强凌弱了。

命运的客观性决定其在特定时空是难以改变的。当一个人身遭厄运，特别是在客观势力强大，个人能力显得极为渺小的时候，对命运抗争的最佳选择就是从容等待。这种从容等待表面看是卑琐的、懦弱的，但却是把硬碰硬的正面冲突转换成了以柔克刚、以韧对强的策略。这样就可以不显山不露水、保存实力，以求东山再起，一旦时机成熟，便如饿虎扑食，打破厄运，摆脱困境。即使陷入无妄之灾，也要不失矢志，相信命运之神不会总是一副悲剧面孔。物极必反，千年沉冤可以昭雪，十年厄运不算无望。在厄运之中完全可以采取迂回曲折另求生路的策略。

越王勾践被吴国俘虏的时候，可以说是吃尽了苦头。回到越国，他没有享受锦衣玉食，而是和全国百姓一起忍饥耐劳，似乎忘记了自己的王位。

最后，这个忍耐了一番困苦的人，终于打败了吴国，取得了最后的胜利，在历史上也留下了传世美名。

凡人生下来都希望聪慧，而聪慧的重要特征之一就是好记忆。史书描绘古代的神童，都是一目十行、过目成诵。对于现代名人中聪明如钱锺书者，人们津津乐道的，也多是他的超群记忆力。记忆力好的确可以带来很多方便，从幼童、少年到青壮、老朽，无一例外。当然如果需要记住的事情是重要且必要的，就怕记忆不好；但如果事情是不希望记住甚至想忘却的，好记性反倒成了负担。比如说别人的侮辱责骂就是一例，这样的事情除非想伺机报复，否则应该是没有人想记住，因为除了能不时地勾起怨恨之外，记住它们不见有其他的益处。然而雁过留声，发生的事情一定会留下痕迹。面对突如其来的辱骂，人们会做出各种反应，或者毫不示弱、针锋相对，或者沉默寡言、行动表态，或者置若罔闻、充耳不闻，或者溜之大吉、避而不听等，每种反应都体现出一种性格，甚至是一种境界。针锋相对者是俗人，沉默寡言者是勇士，避而不听者是君子，置若罔闻者是圣贤。富弼正是属于置若罔闻的圣贤。史书称他"少笃学，有大度，范仲淹见而奇之，曰：'王佐才也。'"富弼小时候被父亲带着去拜访吕蒙正，这位大宰相一见到他，惊叹地说："此儿他日名位与吾相似，而勋业远过于吾。"富弼自小聪明过人，记忆力极好，怎么可能不明白别人是不是在骂他呢？他之所以如此，不过是器量大，不想听，装糊涂罢了。古人发明了很多形象的词汇，诸如难得糊涂、大智若愚、大巧若拙，来描述这种聪明人。然而这种高深的境界，却是世俗人看不懂的，所以才会一而再、再而三地提醒，他没有意识到这种善意的看似聪明的提醒，却让自己与富弼的距离越来越大。《列子》里面也讲了一个健忘的故事。主人公宋国阳里华子人到中年，得了一种健忘的病。家人四处求医，不见效果，最后为一儒生治愈。恢复记忆的华子，非但不领儒生的情，反而勃然大怒："囊吾忘也，荡荡然不觉天地之有无，今顿识，既往数十年来，存亡、得失、哀乐、好恶，扰扰万绪起矣。吾恐将来之存亡、得失、哀乐、好恶之乱吾心如此也。须臾之忘，可复得乎？"(《列子·周穆王》) 没有记忆就没有烦恼，有了记忆便扰攘不休。此时被人艳羡的好记忆完全逆转为不讨喜的负面物。道家人物比富弼走得更远。

佯为不闻

【原典】

吕蒙正①拜参政,将入朝堂②,有朝士于帘下指曰:"是小子亦参政耶?"蒙正佯为不闻。既而③同列必欲诘其姓名,蒙正坚不许,曰:"若一知其姓名,终身便不能忘,不如不闻也。"

【注释】

①吕蒙正(944~1011):字圣功,河南(今河南洛阳)人。太宗太平兴国二年(977)擢进士第一,授将作监丞,通判升州。会征太原,召见行在,授著作郎、直史馆,加左拾遗。五年(980),亲拜左补阙、知制诰。八年(983),任参知政事。李防罢相,蒙正拜中书侍郎兼户部尚书、平章事,监修国史。至道初,以右仆射出判河南府兼西京留守。真宗即位,进左仆射。咸平四年(1001),以本官同平章事、昭文馆大学士。六年(1003),授太子太师,封蔡国公,改封随,又封许。景德二年(1005),表请归洛。真宗大中祥符四年(1011)病逝,享年六十八岁,赠中书令,谥文穆。《宋史》卷二百六十五有传。②朝堂:汉代正朝左右官议政之处,亦泛指朝廷。③既而:不久。

【译文】

吕蒙正被任命为宰相,正要入朝时,朝中的一位官吏在门帘下指着他说:"这个小子也做了宰相吗?"吕蒙正假装没有听见。这时同行的官员一定要弄清楚那人的姓名，吕蒙正坚决不同意，他说："一旦知道他的姓名，终身便忘不了，还不如不知道。"

【延伸阅读】

吕蒙正面对他人的辱骂，选择的是充耳不闻，做法与富弼一样，不同的是他解释了自己为什么不去听，因为"若一知其姓名，终身便不能忘，不如不闻也"。如果说富弼所做的是在事情发生之后，那么吕蒙正关注的却是事情萌芽之初。虽然结果相同，但各自所费的力气则迥异。中国古人在礼法上的态度，即与此相似。他们历来就重礼而轻法，视"礼"为防微杜渐之举，而将"法"施于事情已然之后。中国古代的政策，一直都是主张将重心放在事情尚未发生之前，这正是儒家的政治思路。《韩诗外传》中曾经讲过一个孔子师徒问对的故事。孔子与

子路、子贡、颜回游玩，他要求三人说说各自的志向。子路自负自己的将才："得白羽如月，赤羽如日，击钟鼓者，上闻于天，旌旗翻飞，下蟠于地，使将而攻之，惟由为能。"子贡则得意自己的辩才："得素衣缟冠，使于两国之间，不持尺寸之兵，升斗之粮，使两国相亲如兄弟。"最后颜回说："愿得明王圣主为之相，使城郭不治，沟池不凿，阴阳和调，家给人足，铸库兵以为农器。"孔子对颜回大为赞叹："由来，区区汝何功？赐来，便便汝何使？愿得衣冠为子宰焉。"（《韩诗外传》卷九）因为颜回的存在，使之前子路的武艺、子贡的口才全无用武之地，真正做到了不战而屈人之兵。故事中颜回所奉行的，正是未发之前的政策。吕蒙正选择不去追究的做法，可以避免陷入之后的情理纠结，因为从感情上难免会对其人不满，但理性上又必须自我克制。与其事后痛苦费力，还不如当初就彻底忘掉。这正是他绝顶聪明的地方。狄仁杰也有过类似的经历。有一次武则天对他说："卿在汝南时，甚有善政，欲知谮卿者乎？"狄仁杰回答说："陛下以臣为过，臣当改之；陛下明臣无过，臣之幸也。臣不知谮者，并为善友，臣请不知。"武则天听完后深加叹异。（《旧唐书·狄仁杰传》）他们都是以不知为知的智者。俗话说"难得糊涂"，"愚不可及"，有时候能够糊涂一次，装傻一回也很好！

骂殊自若

【原典】

狄武襄公①为真定副帅，一日，宴刘威敏沔②，有刘易者亦与坐。易素③疏悍，见优人④以儒为戏，乃勃然⑤曰："黥（qíng）⑥卒乃敢如此。"诟骂武襄不绝口，掷樽俎（zūn zǔ）⑦而起。武襄殊⑧自若，不少动，笑语愈温。易归，方自悔，则武襄已踵门⑨求谢。

【注释】

①狄武襄公：狄青（1008～1057），字汉臣，汾州西河人，面有刺字，善骑射。他出身贫寒，宋仁宗宝元元年（1038），为延州指挥使，勇而善谋，在宋夏战争中，立下了累累战功。朝廷中尹洙、韩琦、范仲淹等重臣都与他的关系不俗。范仲淹授以《左氏春秋》，狄青因此折节读书，精通兵法。以功升枢密副使。狄青在枢密四年，因人猜忌罢相，出判陈州，第二年"疽发髭，卒。帝发哀，赠中书令，谥武襄"。《宋史》卷二百九十有传。真定：河北省正定旧称，地处冀中平原，古称常山、真定。②刘威敏沔：当为孙沔。孙沔，字元规，越州会稽人。中进士第，补赵州司理参军。为人跌荡自放，不守士节，然材猛过人。累官枢密副使，以尚书礼部侍郎致仕。英宗时，起为资政殿学士、知河中府，又为观文殿学士、知庆州，徙延州，道卒。《宋史》卷二百八十八有传。③素：向来。疏悍：疏阔强横。④优人：唱戏的

人。⑤勃然：生气的样子。⑥黥（qíng）卒：宋时在士兵脸上刺字，以防逃跑，故称。⑦樽俎（zūnzǔ）：古代盛酒肉的器皿，后来常用作宴席的代称。⑧殊：很，非常。⑨踵门：亲自上门。

【译文】

狄青任真定副统帅时，一天宴请孙沔，一个叫刘易的也在座。刘易向来粗疏强悍，看到席间戏子扮演读书人来取乐。他于是勃然大怒，说：“流配为兵的人，胆敢如此！”因此大骂狄青不绝于口，还摔掉了桌子上的酒杯。狄青神色自若，坐着一动也不动，他笑语相劝，语气温和。刘易回家后，正自我惭愧时，狄青已经来到他家里赔礼道歉了。

【延伸阅读】

狄青行伍出身，史云“青奋行伍，十余年而贵”，对于文士的敏感大约不甚了了，所以没有意识到当着一个儒生，让戏子扮演儒者嬉戏，会引起刘易那么大的反应。因为这种举动在刘易看来，无疑是明目张胆地挑衅和侮辱，所以无法忍受，发作出来。

当然很多读书人碰到类似的情况，也不见得敢出声，因为他们引以为傲的"书生意气"，很多时候都臣服于官场权威。比如汉高祖刘邦，因为瞧不起读书人，看见这样的人来见自己，就当面侮辱，甚至用儒冠当尿盆，被侮辱者大多也无可奈何。刘易之所以敢，正在于他的狂狷，但在一般人的眼中却成了"疏悍"。从整个事情来看，应该是狄青安排不当，因为理亏在先，从常人的心态来讲，自然不能指责刘易的不是，但是狄青的上述忍耐，却被解读为大度的赞歌。之所以如此，是因为在很多人的心中，长官之于部下，就是不可侵犯的权威，高高在上供人仰视。一旦这权威放下身段来到民间，就会让凡众惊喜雀跃；如果权威还能与凡众交流，便会让后者不知所措；如果权威还能主动承认过错的话，那便会让凡众痛哭流涕了。事实上官与民的分途，一方面是制度使然，另一方面也有百姓的助虐。民众敬神般敬官的心理，让这些原本的凡庶，在入官场之后，心性大变。范进中举的故事就是明证。未中举之前，岳父对他冷嘲热讽，完全没有觉得有何不妥；但是范进中举之后，为了让他清醒，勉强打了一巴掌，之后却总感觉手不对劲，因为打的是文曲星。范进中举之后，有了功名在身，也一下子觉得自己不凡了。当然也有一些理性的清醒者，狄青是，刘易也是。他们不过是做了一件现在看来，正常得不能再正常的事情。但是这样的事情放到过去的特定环境中，却成了异数，真是咄咄怪事！

为同列斥

【原典】

王吉为添差都监①，从征刘旰②。吉寡语，若③无能。动④为同列斥，吉不问，唯尽力王事。卒破贼，迁统制⑤。

【注释】

①添差：宋制，凡授正官，皆作计给俸禄的虚衔，实不任事。内外政务则于正官外另立他官主管，称"差遣"。凡于差遣员额外增添的差遣，叫"添差"。都监：宋代设有路"都监"，掌管本路禁军的屯戍、训练和边防事务。有州府"都监"，掌管本城厢军的屯驻、训练、军器和差役等事务。资历浅的武官担任此职时，称"押监"。②从征刘旰：公元997年，因交子的滥发和发行准备的不足，酿成通货膨胀，十个铁钱兑换一个铜钱，引起了成都军士刘旰率领士兵叛乱，"五日而两川惧"。③若：好像。④动：动辄。⑤统制：古代官名，北宋时于出师作战时选拔一人为都统制，总辖诸将。至南宋建炎初，设置御营司都统制，始为职官名。又有统制、同统制、副统制等。

【译文】

王吉任添差都监，参与征讨刘旰。王吉平时少言寡语，好像没有什么能耐。他总是被同事斥责，王吉也不回应，只是尽心尽力地做事。终于打败了敌人，升为军队的统制。

【延伸阅读】

　　事情的发生如果在意料之中的话，当事人多能理性处理，而不至于茫然无措。但是生活中很多事情的出现，往往是突然而至、猝不及防的，人们没办法选择，也没时间选择。对于他人的侮辱责骂，也是如此。然而正是在这样的突发事件中，人与人之间的优劣高下才明显地区分开来。正如孔子所说的"岁寒然后知松柏之后凋也"，英雄只有在沧海横流的时候才显露本色。面对突然而至的侮辱，一般人的反应都是回应，如果有人沉默的话，往往被视为理亏软弱。然而依照孔子的儒家理论，遇到这样的事情，作为君子应该是"敏于事而慎于行"，以最后的行动来为自己正名。常言道"枪杆子里面出政权"，"实践是检验真理的唯一标准"，都是说明行动事实的有效性。事实胜于雄辩，王吉即是如此。他大概是一个实干家，一个儒家理论的忠实践行者。面对同事不满的负面声音，他没有据理力争，只是用最后胜利的事实，给出了一个最有力的回答。实干家是经得起时间考验的，因为事实俱在，不会如随口说出的话，只流行于瞬间，便会迅即湮灭。飞将军李广就是一个讷于言辞的人，司马迁称赞他说："余睹李将军悛悛如鄙人，口不能道辞。及死之日，天下知与不知，皆为尽哀。彼其忠实心诚信于士大夫也？谚曰'桃李不言，下自成蹊'。此言虽小，可以谕大也。"庄子曾赞美天地自然所拥有的巨大力量，"天地有大美而不言，四时有明法而不议，万物有成理而不说"。大美无言，有时候无言也是一种有力的言辞，正如大音希声，有时候"此时无声胜有声"。王吉，大哉！

不发人过

【原典】

王文正①太尉局量宽厚，未尝见其怒。饮食有不精洁者，但②不食而已。家人欲试其量，以少埃墨③投羹中，公唯啖饭而已。问其何以不食羹，曰："我偶不喜肉。"一日又墨其饭，公视之，曰："吾今日不喜饭，可具④粥。"其子弟愬（sù）⑤于公曰："庖肉为饔（yōng）⑥人所私食，肉不饱，乞治之。"公曰："汝辈人料肉几何？"曰："一斤。今但得半斤食，其半为饔人所度⑦。"公曰："尽一斤可得饱乎？"曰："尽一斤固当饱。"曰："此后人料一斤半可也。"其不发人过皆类此。尝宅门坏，主者撤屋新之，暂于廊庑下启一门以出入。公至侧门，门低，据鞍俯伏而过，都不问门。毕⑧复行正门，亦不问。有控马卒⑨，岁满辞公，公问："汝控马几时？"曰："五年矣。"公曰："吾不省⑩有汝。"既去，复呼回，曰："汝乃某人乎？"于是厚赠之。乃是逐日控马，但见背，未尝视其面，因去见其背方省也。

【注释】

①王文正：王旦（957～1017），字子明，大名莘县（今属山东）人。太宗太平兴国五年（980）进士。以著作郎预编《文苑英华》；真宗咸平时累官同知枢密院事、参知政事，景德三年拜丞相，监修两朝国史；善知人，多荐用厚重之士；天禧元年，以疾罢相。年六十一卒，

赠太师、尚书令、魏国公，谥文正。事详《宋史·王旦传》。局量：器量，度量。②但：只是。③埃墨：烟灰。④具：准备。⑤愬（sù）：同"诉"。⑥饔（yōng）人：泛指厨师。⑦度：藏匿。⑧毕：建好，完工。⑨控马卒：驾驭马匹的人。⑩不省：不记得。

【译文】

太尉王旦器量宽厚，从来没有看见他发怒。饮食不干净或不好时，只是不吃而已。家里的人想试试他的度量，将少量烟灰粉洒在汤里，王旦就只吃饭。问他为什么不喝汤，他说："我有时候不喜欢喝肉汤。"一天，又将墨洒在他的饭中，王旦看见以后，说："我今天不想吃饭，你们可以准备一些粥。"其子弟有人告诉他说："肉都被做饭的人私下吃了，我们就吃不饱了，请惩罚那个厨子。"王旦说："你们每顿估计吃多少肉？"子弟说："要一斤。但如今只能吃半斤肉，其余半斤让厨子藏起来了。"王旦说："一斤肉能吃饱吗？"子弟说："一斤肉当然可以吃饱。"王旦说："那么以后每天买一斤半肉就是了。"他就像这样从来不揭露别人的过失。他的住宅门坏了，管理房子的人准备修补好它，暂时在走廊上开一道门以供出入。门很低，王旦俯在马鞍上进门，也不问门的情况。门修好了，重新走正门，依旧不问。有一位驾马车的士卒，驾马车的时间满了，向王旦辞行。王旦问他："你驾车多长时间了？"驾车人说："五年了。"王旦说："但我却不认识你。"驾车的人转过身刚准备离去，王旦喊他回来，说："你不是某某人吗？"于是赠给他很多物品。原来，这名士卒每天驾马车只是背对王旦，王旦从未见过他的面部，因为刚才一转身，看到他的背影，所以王旦认出来了。

【延伸阅读】

有人开玩笑说在饭馆吃饭，什么人都可以得罪，唯独侍者不行。因为饭菜都要经过他们的手，才能最后到达饭桌。这中间会发生什么，大家想想也能明白。当然这是电影里面的搞笑桥段，在现实生活中，大凡是比较规范的酒店，即便是得罪了服务人员，上述的问题也不大可能发生，毕竟行有行规店有店律。但是在古代，因为饮食的纠纷而引发大问题的，却也不在少数。《周易·颐》卦："贞吉。观颐，自求口实。"《象辞》："山下有雷，颐。君子以慎言语，节饮食。"王弼解释说："言语、饮食犹慎而节之，而况其馀乎？"言下之意，祸从口出，患从口入。《左传》里面就讲了不少类似的故事，郑灵公因不给臣子鳄鱼肉被杀就是一例。事情发生在宣公四年，郑国公子子公和子家进宫的时候，子公的食指突然动了，他就向子家开玩笑说，"他日我如此，必尝异味"。等来到宫里，正好看见厨子在杀楚国送给国王的鳄鱼，两人相视一笑，郑灵公好奇询问，子家就说出了原委。等到国君请大臣吃鳄鱼宴的时候，偏偏漏掉了子公，子公非常气愤，冲到席上，将手指放到盛着鳄鱼肉的鼎内，尝了一口就扬长而出。结果是被冒犯的国君要杀子公，子公要挟子家先发制人，将郑灵公给处死了。这是一出典型的饮食惹祸的事件。王旦在饮食不洁时表现出来的好脾气，除了自身的好修养之外，或许还有前述的顾忌，一个聪明人自然会明白，大事可以化小，小事也可以变大。日常饮食虽然是关乎油盐酱醋的细碎之事，却也是每日必需，故其重要性自不待言。好脾气的人，不见得都是天然的憨厚，很多时候不过是一种以退为进的策略，所谓"两害相较取其轻"。

器量过人

【原典】

韩魏公器量过人，性浑厚，不为畦畛①峭堑②。功盖天下，位冠人臣，不见其喜；任莫大之责，蹈不测之祸，身危于累卵③，不见其忧。怡然④有常，未尝为事物迁动，平生无伪饰⑤。其语言，其行事，进⑥，立于朝与士大夫语；退⑦，息于室与家人言，一出于诚。人或⑧从公数十年，记公言行，相与反复考究，表里皆合，无一不相应⑨。

【注释】

①畦畛：本义为田间的界道，喻界限隔阂。②峭堑：陡峭的陷坑。③危于累卵：比喻形势非常危险，如同堆起来的蛋，随时都有塌下打碎的可能。④怡然：安适自在的样子。⑤伪饰：虚假矫饰。⑥进：指在外面上朝

办公等。⑦退：指回到家中。⑧或：有的人。⑨无一不相应：指其言行一致。

【译文】

韩琦度量过人，性情浑厚纯朴，从不崖岸自高，与人过不去。他功盖天下，位居大臣之首，但没见他特别得意；担负巨大的责任，经历难以预料的祸事，生命濒临极其危险的边缘，也从未见他特别忧愁。他总是怡然自乐，从来没有因为事物而扰动，一生说话毫不伪饰。他为人做事，上朝之时，站着与其他官员说话；回来以后，休息时与家里的人说话，完全是出于至诚之心。有一个跟随他几十年的人，记下了韩琦的言行，反复对照之后，发现他的言行完全一致，没有不相符的地方。

【延伸阅读】

《大学》说："所谓诚其意者，毋自欺也。如恶恶臭，如好好色，此之谓自谦。故君子必慎其独也。"韩琦无疑是慎独的君子，因为他几十年如一日，在公在私都做到了"一出于诚"。"诚"是一种生命的态度，既是对人，要求问心无愧；更是对己，要求不自欺欺人。韩琦因为坚守以"诚"做人，自然就会说真话，不伪饰；因为坚守以"诚"做人，自然不为外物干扰，怡然自得。范仲淹说"不以物喜，不以己悲"，不是说自己泯灭了人的正常的喜怒情感，而是指以更高的人生追求超越了个人得失，所谓"先天下之忧而忧，后天下之乐而乐"。韩琦也有寻常人的情感，不过他也没有让个人或否或泰的经历，影响自己或喜或悲的情感，做到了处处平常心，所以就"怡然有常"。事实上，绝大多数人都是自己情感的俘虏，既会受控于生活中的利害得失而不能自拔，也会因爱屋及乌或恨屋及乌而茫然失措，当然这种感情都是以自己利益为中心的，所以私心的冲动乃至于膨胀，才是人们长久以来困惑不断的根源。真诚的人也是有感情的，只不过他们是以"诚"的标准来对人对己，只要做到了"诚"，其他的就不再挂怀。魏晋时期名士好清谈，其中有一个重要题目，"圣人有情还是无情"。圣人之所以有情，在于圣人也是人；圣人之所以无情，在于圣人能够超越。正是因为能够超越，所以这些人就超凡入圣，而表现在世人面前的就是"器量过人"，韩琦正是如此。不过一次的"诚"还不足以成"圣"，或者说成"圣"本就是一个动态的过程，正如宋人陈埴所说"才萌欺心，便落小人漩涡中，可畏之甚"，而韩琦显然经受了考验，是一个真正的超凡之人。

动心忍性

【原典】

尧夫解"他山之石，可以攻玉"^①："玉者，温润之物，若将两块玉来相磨，必磨不成。须是得他个粗矿底物，方磨得出。譬如君子与小人处，为小人侵陵^②，则修省畏避，动心忍性^③，增益预防，如此道理出来。

【注释】

①尧夫：邵雍（1011～1077），字尧夫，自号安乐先生、伊川翁，后人称百源先生。北宋哲学家、易学家。其先范阳（今河北涿州）人，幼随父迁共城（今河南辉县）。少有志，读书苏门山百源上。仁宗嘉祐及神宗熙宁中，先后被召授官，皆不赴。创"先天学"，以为万物皆由"太极"演化而成。著有《观物篇》《先天图》《伊川击壤集》《皇极经世》等。神宗熙宁十年，卒，年六十七，赠秘书省著作郎。元祐中赐谥康节。《宋史》卷四百二十七有传。他山之石，可以攻玉：出自《诗经·小雅·鹤鸣》。意谓：别的山上的石头，能够用来琢磨玉器。原比喻别国的贤才可为本国效力。后比喻能帮助自己改正缺点的人或意见。②侵陵：亦作"侵凌"，侵犯，欺凌。③动心忍性：动心，是使内心受到震动；忍性，是使意志坚强。比喻用困苦艰难来磨炼自己身心。

【译文】

邵雍这样来解释"他山之石，可以攻玉"这句话的意思："玉，是温润的物品，如果用两块玉石相磨，肯定磨不成玉。必须用粗糙的矿石，才可以磨得出玉。这如同君子与小人相处一样，被小人侵犯欺凌，自己就修持反省畏惧躲避，用艰难困苦的磨砺来增强自己内心的韧性，以增强自己预防困难的能力，这样就可以成为君子了。"

【延伸阅读】

孔子说："君子不重则不威，学则不固。主忠信。无友不如己者。过则勿惮改。"（《论语·学而》）所谓的"无友不如己者"，就是告诫人们交友要谨慎，应该与那些优秀的人交往，这样才能有助于自己完善进步，所谓的"近朱者赤，近墨者黑"，说的就是这个意思。孟母三迁的故事，正是对这种理论的极端演绎。邵雍的观点则似乎与此相反，他好像是在鼓励人们"友不如己者"。其实对于孔子和邵雍的观点，我们都不必看得过于写实。因为他们的意见，不过

是特定场合说出的，具有特定的含义，不能广而大之。孔子的观点暂且不论，单以邵雍的看法来说，他的君子成才观，就是如此。因为从现实交友来看，"比自己优秀的人"应该都会是人们的首选，但是"比自己优秀的人"毕竟少，而且即便遇见了也不见得搭得上，所以孔子"无友不如己"的建议，不见得人人能够贯彻执行。更寻常的情况是，满眼都是"不如己"的小人。在这样的现实面前，人们没法选择，在没法躲避的时候，只能去面对。既然要面对的话，生活的常识告诉我们，消极当然不如积极的好。邵雍的君子小人之说，大体就是出于这种积极的态度。因为他从积极的立场去看，所以发现负面的处境，也能显现出正面的效果。老子说："祸兮福之所倚，福兮祸之所伏。"所谓的"塞翁失马焉知非福"，失败又何尝不是成功的前奏呢？所以对于生活中的小人，不妨将他们视为用来打磨自己的砥石，是上天特意设置的帮助自己成才的利器。因为要玉成君子，必须经历琢磨，正如孟子所说的："天将降大任于是人也，必先苦其心志，劳其筋骨，饿其体肤，空乏其身，行拂乱其所为，所以动心忍性，曾益其所不能。"(《孟子·告子下》)从这个层面来说，邵雍的话，确是真理。

受之未尝形色

【原典】

韩魏公因谕①君子小人之际②，皆应以诚待之。但③知其小人，则浅与之接耳。凡人之于小人欺己处，觉必露其明以破之，公独不然。明足以照小人之欺，然每受之，未尝形色④也。

【注释】

①谕：告诉，使人知道。②君子小人之际：与君子小人交往的时候。③但：只要。④形色：表现在脸色。

【译文】

韩琦说，无论是君子还是小人，都应当以诚相待。只要知道他是小人，与他交往浅一点就行了。一般人遇到小人欺负自己的时候，只要察觉到了就一定会揭穿他，而韩琦却不是这样。他的贤明足可以认清小人的欺人行为，但是他每每遇到小人的欺负，都接受下来，从来不在脸上表现出不满的情绪。

【延伸阅读】

古语说"精诚所至，金石为开"，意谓只要有足够的诚意，他人就一定会受到感化，坏人会变得不坏，好人会变得更好。古代也有很多类似的故事，著名的如孟姜女哭长城、感天动地窦娥冤等。持上述观念的人，大抵是孟子的"人性本善"的信徒。他们相信人本质上是好的，而社会上之所以存在那么多坏人，不是因为本质上有问题，而实在是他们的善心被蒙蔽了，所以当务之急就是要找回它，也就是孟子所说的求"放心"。韩琦大体也是信奉这样的理论，所以他主张对所有的人都要以诚相待。当然这种"诚"是出于相信"人性本善"的友好，与不自欺的慎独之"诚"不同，因为后者要求无差别的一致。然而身处复杂的社会，与诸色的人相处，要做到一视同仁，的确很难，似乎也不现实。

事实上，就韩琦来说，他也没有完全贯彻。在他的眼中，小人和君子界限是泾渭分明的，应对君子和小人的态度也是判然清晰的。俗语有言"君子之交淡若水，小人之交甘若醴"（《庄子·山木》），虽然描述的是两种人的交往特点，但也说明了君子一贯淡然的交际习惯，其中当然包括对待小人。但是韩琦与小人交往要浅的戒律，似乎在告诉人们，如果交往的是君子的话，则不妨深入些。因为前者可以减少麻烦，而后者却能增加好处。两相比较，韩琦对待小人实在算不得"诚"，他的处世态度中，有着明显的功利的考量。他甚至还没有如邵雍那样，将小人视为君子的砥砺之器，而是首先采用回避的态度，回避不及才坦然承受之，他较之凡众胜出的也仅在于他的忍耐力，至于如孔子所谓的"以直报怨，以德报德"（《论语·宪问》）的境界，则似乎还有不少距离。

与物无竞

【原典】

陈忠肃公瓘①，性谦和，与物无竞。与人议论，率②多取人之长，虽见其短，未尝面折③，唯微示意以警之。人多退省④愧服。尤好奖进⑤后辈，一言一行，苟⑥有可取，即誉美传扬，谓己不能。

【注释】

①陈忠肃公瓘：陈瓘（1057～1124），字莹中，号了斋，南剑州沙县（今福建沙县）人。北宋元丰二年（1079）探花，授官湖州掌书记。历任礼部贡院检点官、越州、温州通判、左司谏等职。陈瓘为人谦和，不争财物，闲居矜庄自持，不苟言谈，通《易经》。宣和六年（1124）卒，年六十五。靖康初，诏赠谏议大夫，召官正汇。高宗绍兴二十六年（1156），谥忠肃。《宋史》卷三百四十五有传。②率：大概，大略。③面折：当面批评指责。④省：反思。⑤奖进：称许荐引。⑥苟：假使，如果。

【译文】

陈瓘性情谦恭和蔼，不与人争高比低。与人交谈议论的时候，总是夸奖别人的长处，即使看见别人的短处，也不当面指责，只是稍微暗示一下，让他知道。大多数的当事人回去以后反省觉悟，对自己的过错感到惭愧，同时对陈瓘的雅量和善意深为佩服。陈瓘尤其喜欢奖励后辈，年轻人的一言一行，只要稍有可取之处的，就广为赞誉传扬，并声称自己做不到。

【延伸阅读】

世人常说：谦虚使人进步，骄傲使人落后。因此，我们一定要忍住骄傲之心。"衰至便骄"这是《劝忍百箴》里的千古箴言，又怎么能忘记呢？

罪恶都产生于骄横自大。骄横自大的人，不肯屈就于人，不能忍让于人。做领导的过于骄横，则不可能很好地指挥下级；做下属的过于骄傲，则会不服从领导。骄傲之心一有，好事变坏事。

明朝崇祯十七年三月十九日，李自成率领大顺农民军开进北京城。京城百姓夹道欢迎，崇祯帝吊死在煤山。

大好的形势，使不少农民起义军的领袖们开始自我陶醉了，也随之产生了骄傲轻敌的思想，以为只要举行了皇帝即位典礼，表明天命归顺，天下就可以领诏而定。在京的文武官员都忙于筹备皇帝即位典礼。

以刘宗敏为首的武官则忙于追赃助饷，在京城的相官按官位大小，摊派饷银，多者 10 万，少者数千，如有不交者，则严刑拷打。追赃风从北京波及各地，追赃范围竟扩大到幕僚小吏以至于商人，手段也日益残酷。

这时，已经答应归顺李自成的明宁远总兵吴三桂等重要将领，正带领部众向京师进发。行至半途，吴三桂得知义军在京大肆追赃，严刑拷打众官，自己的老父也受酷刑将死，爱妾陈圆圆又被刘宗敏强占，于是大怒叛变，率部众回师东退。

吴三桂重占山海关后，以"为君父复仇"为名，出卖民族利益，要求清统治集团出兵，联合进攻北京农民起义军。

李自成退回北京以后，清军跟踪而至，李自成匆忙称帝之后，率军西退，最后以失败告终。才取得一点成绩就被胜利冲昏头脑，最终导致自己的失败，

因此，成功与失败往往只有一步之差。

孔子曾经盛赞谦虚的美德，他说："《易》先《同人》后《大有》，承之以《谦》，不亦可乎？"（《韩诗外传》卷八）谦虚是中国人自古公认的美德，与之相关的名言警句，诸如"谦受益，满招损"，"水满则溢，月满则亏"等，都在告诫人们应谦虚而不要骄傲。然而问题常常是，大家天天挂在嘴边说道的一些建议，往往不会在生活当中践行，尽管它们都是千百年来公认的真理。谦虚的命运正是如此。在谦虚高唱的地方，往往就是骄傲盛行的场所，这种情况在古代如此，在当下亦然。所以陈瓘位高权重，而能够"谦恭和蔼"，自然显得特别出色。正如老好人不见得是好人一样，谦虚也分真假。孔子就十分厌恶那种口是心非的小人，将这类人称之为"乡愿"。嘴上唯唯诺诺的人，心底不见得服输；满脸赔笑的人，肚子里可能埋藏着狠毒。这些人伪装的"谦恭"，自然得不到别人的认同，更遑论赢得赞许。陈瓘却是地道的好人，真正的谦谦君子。单从奖掖后进一途，就可窥测他的博大胸襟，这正是一个真正谦虚者所必须拥有的。因为一个不能容人的人，无论如何都不可能会真正谦虚。赞扬年轻人之所以难，是因为首先要承认自己较差，这在很多人看来几乎是完不成的任务。相比较之下，陈大人就十分难能可贵了。但是我们也要警惕，谦虚有界限，过分的谦虚也不见得好。人们经常会引用"后生可畏，焉知来者之不如今也"来夸耀后辈，但是孔子还留了话头，"四十、五十而无闻焉，斯亦不足畏也已"（《论语·子罕》）。大德如孔子，对于谦虚也是有底线的。

忤逆不怒

【原典】

先生每与司马君实①说话，不曾放过。如范尧夫②，十件只争得三四件便已。先生曰："君实只为能受，尽人忤逆③终无怒，便是好处。"

【注释】

①先生：程颐（1033～1107），字正叔，洛阳伊川（今河南伊川）人，人称伊川先生，北宋理学家和教育家。为程颢之胞弟。历官汝州团练推官、西京国子监教授。哲宗元祐元年除秘书省校书郎，授崇政殿说书。与其胞兄程颢共创"洛学"，为理学奠定了基础。《宋史》卷四百二十七有传。此语出自《二程遗书》卷十九，伊川先生语五。司马君实：司马光（1019～1086），字君实，号迂叟，陕州夏县（今山西夏县）涑水乡人，世称涑水先生。历仕仁宗、英宗、神宗、哲宗四朝，年六十八卒，赠太师、温国公，谥文正。北宋政治家、文学家、史学家。主持编纂了中国历史上著名编年体通史《资治通鉴》，为人温良谦恭、刚正不阿，历来受人景仰。《宋史》卷三百三十六有传。②范尧夫：即范纯仁（1027～1101）。字尧夫，范仲淹次子。注见"唯得忠恕"条。③忤逆：冒犯。

【译文】

先生与司马光（字君实）说话的时候，从来不曾放弃过自己的看法。但是与范尧夫（范纯仁，字尧夫）说话的时候，十件事情中往往只和他争论三四件就算了。先生说："司马光只是因为能够忍受，即使别人顶撞，也始终不会生气变脸，这正是他过人的地方。"

【延伸阅读】

人的度量大小固然与后天的修养相关，然也可能与各自的性格有关，所谓"江山易改，本性难移"，内中有无可如何之处。所以司马光的忍"十"，与范纯仁的忍"三"，并不能完全证明前者优而后者劣，套用孟子的一句话，"五十步笑百步"，谈不上孰优孰劣。倒是"先生"灵活的待人之道，颇值得称许。古人

云："未可与言而言谓之瞽，可与言而不与之言谓之隐。君子不瞽，言谨其序。"（《韩诗外传》卷四）换成现代的话，就是要懂得"看菜吃饭，量体裁衣"。与人交往，要想和谐融洽，就必须懂得变通之道。然而得体变通的前提，便是要认清交往的对象。恰如两军交战，知己知彼，方能百战不殆。此先生无疑是位聪明人，他之所以能够悠游于司马光和范纯仁之间，正在于他对两人的性格拿捏得恰到好处。因为司马光性格柔弱，怎么说也不生气，所以就畅所欲言，无所隐晦；因为范纯仁性格耿介，颇多睚眦，所以就只能适时避让。不是所有的"变"都是好的，好的"变"必须要"时"来当坐标。"时"的核心含义是时机，而时机很多时候就是由对象环境等因素组成。孟子推崇孔子为"圣之时者"，强调的正是孔子审时度势的卓识。孔子教学生提倡"因材施教"，因为个体都不同，不能使用一致的标准教程。孔子周游列国，在不同国家宣传他的理论，但讲法都有差异。甚至于说话，孔子也做到了处处有别："孔子于乡党，恂恂如也，似不能言者。其在宗庙朝廷，便便言。唯谨尔。朝，与下大夫言，侃侃如也，与上大夫言，訚訚如也。"（《论语·乡党》）家事如此，国事亦然；个人如此，国家亦然。与时俱进，审时适变，不亦宜哉！

潜卷授之

【原典】

韩魏公在魏府，僚属①路拯者就案呈有司事，而状②尾忘书名。公即以袖覆之，仰首与语，稍稍潜卷③，从容以授之。

【注释】

①僚属：属官，属吏。②状：文件，公文。③潜卷：偷偷地卷起来。

【译文】

韩琦在魏国公府，属官路拯在他的桌案前呈上有关部门的文书，但是文书的结尾却忘了签名。韩琦就用衣袖盖起来，抬着头与他讲话，悄悄地将文书卷起来，若无其事地交还给他。

【延伸阅读】

最近加拿大人在网上做了个全球幸福感的民意调查，数据显示百分之八十四以上的中国人，感觉自己怀才不遇或者大材小用，对当下的处境不太满意。这样的比例据说在全世界是最高的。或许正是因为上述深厚的民众心理的存在，所以如下的段子一直传唱不衰，甚至被很多人信以为真。话说某个秘书起草了一份文件，需要呈给领导过目，为了让文件顺利过关，也为了让领导展示才能，他就故意在文件中犯下几个低级的小错误，便于领导审查指正，结果领导英明地挖出了

"地雷"，满足了自己的领导才华，文件也得以顺利过关。事实上，类似的故事在现实生活中是不大可能发生的，在古代尤其如此。如果某个下属在公文中因为疏忽犯下了小错的话，会造成十分严重的后果。这也正是韩琦之所以要煞有介事地替属下掩饰过错的原因所在。《汉书》中就记载过类似的故事。万石君石奋一生谨慎，他的儿子们也继承了他的风格："建为郎中令，奏事下，建读之，惊恐曰：书'马'者与尾而五，今乃四，不足一，获谴死矣！其为谨慎，虽他皆如是。庆为太仆，御出，上问车中几马，庆以策数马毕，举手曰：'六马。'庆于兄弟最为简易矣，然犹如此。"故事虽然说的是石府上下的谨慎，但这种谨小慎微的恐惧，折射出来的却是严酷的社会现实。想必宋代也有相关的惩罚，或许同样严厉，所以韩琦才会极力掩饰。事实上，待下严苛的长官很多，更有甚者，完全无视下属的人格尊严。比较之下，韩琦的府衙不啻为一个好的所在，因为：这是一种友好的上下级关系，除了冰冷的制度之外，还充满了人性的温情；这也是一种理想的上下级关系，在其中，长官与属下既有制度上的等级差异，也有同为人的平等宽容。以古鉴今，有心人自会获益良多。

俾之自新

【原典】

杜正献公衍①尝曰："今之在上者，多摘（tī）②发下位小节，是诚不恕③也。衍知兖州④时，州县官有累重⑤而素贫者，以公租所得均给之。公租不足，即继以公帑⑥，量其小大，咸⑦使自足。尚有复侵扰者，真贪吏也，于义可责。"又曰："衍历知州，提转⑧安抚，未尝坏一个官员，其间不职者，即委以事，使之不暇⑨惰；不谨者，谕以祸福，俾之自新⑩。而迁善⑪者甚众，不必绳以法也。"

【注释】

①杜正献公衍：即杜衍（978~1057）。注见"语侵不恨"条。②摘（tī）发：揭露。③不恕：不宽容。④兖州：位于山东省西南部。⑤累重：负担很重。⑥公帑：公款。⑦咸：全都。⑧提转：升迁转任。⑨不暇：没有时间。⑩俾之自新：使他改过自新。⑪迁善：改邪归正。

【译文】

杜衍曾说："如今处在高位的人，大多喜欢揭露部下的小过失，这实在是不宽恕的行为。我在任兖州知州时，州县的官员有的家中负担重而一直都很贫困的，就用所收到的租税给他们补助，如果租税不够，就加上公家的钱财，根据他们各自需要的多少，使他们都能自给自足。如果这样还要侵占公家财物的，那就真是贪官污吏了，从道义上说，他们应该受到斥责。"杜衍又说："我从做知州到安抚使，从没有褫夺过一位官员的职位。对于其中不称职的，就让他做一些实际的事情，使他没有空暇偷懒；不谨慎的官员，用不谨慎所带来的祸福来教育他，让他自己改过自新。我这样去做，变成好人的很多，所以治人不一定都要绳之以法。"

【延伸阅读】

打开电视或网络就会看到各地不断有贪官浮出水面，而且他们涉及的财物，数量惊人，动辄千万过亿，对此老百姓会很好奇：贪官费心累积下这么多的钱财，难道只是为了生活的需要吗？报道说，湖南某规划局的一位副局长贪污了近两个亿，但是他家里的日常生活很简朴，与一般的家庭并没有什么区别。若干年前，因贪污倒台的世界银行行长，还被媒体拍到了穿着破洞袜子的照片。如果官员只是因为生计艰难而贪污的话，那么这样的官员是可以原谅的。

劲于先生
雅属 陈葆

杜衍就是这样的观点，而且也是这样去处理的。他用各种方法和途径去接济部下，使他们没有生活之忧，能够安心工作。如果长官对这样的穷困部下苛责的话，那在他看来就是不恕了。管仲说自己早年和鲍叔牙的经历："吾始困时，尝与鲍叔贾，分财利多自与，鲍叔不以我为贪，知我贫也。"（《史记·管晏列传》）鲍叔牙之所以能够原谅管仲，是因为他理解管仲的艰难处境，因而不责怪他贪婪。换句话说，如果官吏只是因为生计而贪污的话，按杜衍的观点，非但算不得贪，反而应该追究长官的责任。事实上，正如前面的例子所示，很多的贪官并非出于生计。《世说新语》里面讲了这样的故事："司徒王戎既贵且富，区宅、僮牧，膏田水碓之属，洛下无比。契书鞅掌，每与夫人烛下散筹算计。"（《世说新语·俭啬》）超出生活所需还要大肆敛财，这样的人才是真正的贪官，他们才是真正需要予以严惩的，对于这样的人加以惩罚，就没有什么可说的了。即便好脾气如杜衍，也忍不住气愤地说"真贪吏也，于义可责"。

未尝按黜一吏

【原典】

陈文惠①公尧佐，十典②大州，六为转运使③，常以方严肃下，使人知畏而重犯法。至其过失，则多保佑之。故未尝按黜（chù）④一下吏。

【注释】

①陈文惠公尧佐：陈尧佐（963～1044），字希元，号知余子，阆州阆中（今四川阆中）人。北宋大臣、书画家。太宗端拱元年（988）进士，宋仁宗时官至宰相，景祐四年（1037），拜同中书门下平章事，以太子太师致仕。仁宗庆历四年（1044）卒，赠司空兼侍中，谥文惠。《宋史》卷二百八十四有传。②典：主持，主管。③转运使：宋太宗时，为削夺节度使的权力，于各路设转运使，称"某路诸州水陆转运使"，其官衙称"转运使司"，俗称"漕司"。转运使除掌握一路或数路财赋外，还兼领考察地方官吏、维持治安、清点刑狱、举贤荐能等职责。宋真宗景德四年以前，转运使职掌扩大实际上已成为一路之最高行政长官。④按黜（chù）：查办罢免。

【译文】

陈尧佐做过十任大州的长官，六次出任转运使，他经常以方正而严肃的态度对待部下，使人感到敬畏而意识到犯罪的严重后果。但是对于部下犯下的过失，却多加保全护佑。所以不曾查办罢免过一位下属的官吏。

【延伸阅读】

长官对待下属，应该采用什么态度？严厉抑或宽容？这似乎是一个两可的问题，因为无论是严厉还是宽容，我们都能找到对应的例子。

司马迁曾讲到了汉代两位名将，一个是带兵宽松的李广，一个是带兵严厉的程不识："程不识故与李广俱以边太守将军屯。及出击胡，而广行无部伍行陈，就善水草屯，舍止，人人自便，不击刀斗以自卫，莫府省约文书籍事，然亦远斥候，未尝遇害。程不识正部曲行伍营陈，击刀斗，士吏治军簿至明，军不得休息，然亦未尝遇害。"（《史记·李将军列传》）虽然两人殊途同归，但以部下的感受论，李广显然更受欢迎，因为他更有人情味。司马迁评论说："是时汉边郡李广、程不识皆为名将，然匈奴畏李广之略，士卒亦多乐从李广而苦程不识。"然而李广毕竟是一个异数，他可以宽松简易，因为他才华出众，且得部下的真心，换作他人不见得能成。所以现实中，长官治理部下，选择严厉的居多。因为严厉虽然刻板，却能够保证效果；宽容虽可拉近上下之间的关系，但却会因模糊等级，缺乏纪律，最后误人误己。《周易》云："小人不耻不仁，不畏不义，不见利不动，不威不惩。小惩而大诫，此小人之福也。"（《周易·系辞下》）不过一味从严，未免让人神经紧张而乏味。陈尧佐的做法不失为严中带宽的善道。他选择严厉，但是"宽待小过错"，用人性的温情来调和制度的冷漠，所以取得了很好的成绩，"不曾罢免过一位官吏"。应该说陈尧佐是标准的儒家君子，即外表严厉而内心温和。孔门弟子曾这样评价老师："子温而厉，威而不猛，恭而安。"（《论语·述而》）其意思可用子夏如下的话来解释："君子有三变：望之俨然，即之也温，听其言也厉。"一个理性的社会，或者一个理性的人，都不可能采用单一的姿态，单一的严厉或单一的宽容，都不会收获好的效果。如果现实中长官必须严厉的话，也不妨效法陈尧佐，能够"宽容小过"，以为这些严苛冷漠的理性之中，注入些许人性温情。

小过不怿

【原典】

宋朝韩亿在中书^①，见诸路^②职司捃拾官吏小过，不怿（yì）^③曰："今天下太平，主上之心，虽昆虫草木皆欲得所。士之大而望为公卿，次而望为侍从，职司二千石^④下，亦望为州郡幕职官，奈何^⑤锢之于圣世！"

【注释】

①韩亿（972～1044）：字宗魏，其先真定灵寿（今属河北）人，徙开封雍丘（今河南杞县）。真宗咸平五年（1002）进士，知亳州永城县（今河南永城）。景德二年（1005）通判陈、郓、许诸州。大中祥符三年（1010）迁知洋州。又知相州。入为侍御史，除河北转运使。天圣二年（1024）知青州。三年（1025），判大理寺。四年（1026），授枢密直学士。明道元年（1032）拜谏议大夫，累迁同知枢密院事。景祐四年（1037）授参知政事，罢知应天府。庆历二年（1042）以太子少致仕。四年（1044）卒，年七十三。谥忠献。《宋史》卷三百一十五有传。中书：中书省，古代官署名。封建政权执政中枢部门，汉始设中书令，魏国建秘书监，有监、令，魏曹丕改称中书监、令。晋朝以后称中书省，为秉承君主意旨，掌管机要、发布政令的机构。沿至隋唐，遂成为全国政务中枢。宋元时中书省设中书令和中书丞相，明清

时期废置。②路：宋元时行政区域名。③不怿（yì）：不高兴。④二千石：官名，汉官秩，又为郡守（太守）的通称。汉郡守俸禄为两千石，即月俸百二十斛，因有此称。石，一石约合今之六十斤。⑤奈何：为什么。

【译文】

宋朝韩亿在中书省任职时，看到各部官员专门收集下级官吏的小过错，就不高兴地说："现在天下太平，皇帝哪怕是昆虫草木都想让他们各得其所。士大夫上则希望成为公卿，次等的也盼望担任侍从职位，享禄在二千石以下的，也希望成为州郡的长官。为什么将他们禁制在这太平盛世呢？"

【延伸阅读】

我们平常做事情的时候，一般的观点都主张要着眼大处，不应在细枝末叶的地方纠缠不休。谈到历史上的一些大人物，评价他们的功过得失，人们常会说，大丈夫胸怀磊落，如果拘于小节就成不了大事。子夏也说："大德不逾闲，小德出入可也。"（《论语·子张》）意思就是要对大人物予以充分的理解和包容，因为小德的出入可能是必须的代价。也许是出于这样的考量，所以韩亿很不满专门收集官员小过的行为。事实上，人是一定存在缺陷的，所谓"人非圣贤孰能无过"？对于那些做大事的大人物来说，尤其如此，他们的功绩往往与犯下的过错一样多。唐人曹松就说："凭君莫话封侯事，一将功成万骨枯！"虽然是反讽之辞，但也的确道明了一些真相。韩亿的观点不能说错，但也并非无懈可击。毕竟小过若不断累积，就可以铸成大错；很多大的问题，都是由小节引发的。东汉时有一少年名叫陈蕃，自命不凡，一心只想干大事业。一天，好友薛勤来访，见他独居的院内龌龊不堪，便对他说："孺子何不洒扫以待宾客？"他答道："大丈夫处世，当扫除天下，安事一室乎？"在后人改编的故事中，薛勤当即反问道："一屋不扫，何以扫天下？"陈蕃志存高远的观点当然不错，尤其对于年轻人来说，理想抱负，立身行事，都要大器，不落凡俗，将来才能走得远飞得高。但是宏伟目标的实现，不能仅停留在口头上，关键还在脚踏实地践行。老子就告诫人们："合抱之木，生于毫末；九层之台，起于累土；千里之行，始于足下。"强调的就是，累积细节践行小事的功效。所以大节固然重要，小节也不容小觑。理想的状态，莫过于"仰望星空，脚踏实地"。

拔藩益地

【原典】

陈嚣^①与民纪伯为邻，伯夜窃^②藩嚣地自益。嚣见之，伺伯去后，密拔其藩一丈，以地益^③伯。伯觉之，惭惶^④，既还所侵，又却^⑤一丈。太守周府君高嚣德义，刻石旌表^⑥其间^⑦，号曰义里。

【注释】

①陈嚣：字君期，东汉会稽（今浙江绍兴）人，明韩纬诗，京师语曰："关东说诗陈君期。"拜太中大夫。年七十，每朝贺，帝待以师傅之礼，赐几杖，入朝不趋，赞事不名。以病乞骸骨，以大夫位终。此文出《太平御览》卷四二四。②窃：偷偷地。③益：增加。④惭惶：惭愧惶恐。⑤却：退让。⑥旌表：古代统治者用立牌坊或挂匾额等表扬遵守封建礼教的人。⑦间：古代二十五家为一间。亦指里巷的大门，后指人聚居处。

【译文】

陈嚣与纪伯是邻居，纪伯晚上偷偷地将竹篱笆向陈嚣地里移动，以增加自己的土地。陈嚣发现了，等到纪伯走后，就悄悄将篱笆又向自己这边移动一丈，使纪伯的地面积更大。纪伯发觉以后，感到十分惭愧惶恐，除去归还侵占的土地之外，又将篱笆向自己这边移动一丈。周太守认为陈嚣的品德高尚，特意刻石来表彰他所住的这个地方，称之为“义里”。

【延伸阅读】

中国人自古就十分重视邻里关系，一则街坊邻居原本就是同本同宗，渊源有自；二则彼此熟悉，知根知底，照应方便，古话说的好“远亲不如近邻”。所以邻里关系在个人家庭的生活中，一直扮演着重要的角色。邻里关系固然重要，但是不少人却未能很好处理，关系交恶，彼此为难的例子屡见不鲜。事实上，邻里之间不同于官场，不存在严重的利害冲突，很多都是源于生活小事，只因双方各不相让，最后反目成仇。假如一方退让的话，事情或者能够好转，陈嚣就是一例。因为他的主动让步，使得一场可以对簿公堂的邻里纠纷，最后竟然转化成了官府表彰的德义美谈。忍让的功效，在邻里关系的处理上，确实不容小觑。相传在明代的郑板桥身上也发生过类似的故事。郑板桥的弟弟为了盖房子与邻居争地，彼此互不退让，郑板桥回信时做了一首诗：“千里捎书只为墙，让他三尺又何妨，长城万里今犹在，不见当年秦始皇。”邻居知悉后非常感动，遂各自退让三尺，而成了六尺巷。不过单纯的忍让，也未必能够完全解决问题。陈嚣的经历毕竟是非常特殊的，因为他的主动退让，引发了纪伯的悔改，使得问题得以和平解决。正如现在的社会，如果我们在大力提倡什么的时候，往往现实中我们正在严重缺乏什么。或许正是因为陈嚣和纪伯事件的难得一见，所以周太守才会大张旗鼓地去刻石旌表。然而生活中不是所有的人，都能碰到类似的善心未泯的邻居，假如对方没有退让并且贪得无厌，我们又该如何呢？在文明法治的社会，礼让固然不错，吃亏以求安宁也是明智之举，但如果礼让丧失了底线，吃亏而影响生活，就不得不反思其效果了。

兄弟讼田，至于失欢

【原典】

清河百姓乙普明兄弟争田①，积年不断。太守苏琼②谕之曰："天下难得者，兄弟；易求者，田地。假令得田地，失兄弟心，如何？"普明兄弟叩头，乞外更思，分异十年，遂还同往。

【注释】

①清河：位于河北省东南部，隶属于河北邢台。争田：争夺田产。②苏琼：字珍之，北齐武强（今河北武强）人。初任刑狱参军，累迁清河太守。其郡多盗，苏琼至此后，民吏肃然。在郡六年，深受百姓爱戴。后迁升三公郎中，行徐州事，后为大理卿。北齐灭亡后，仕北周为博陵太守。隋开皇初卒。

【译文】

清河老百姓乙普明兄弟两人，为田地的事争了多年。太守苏琼教导他们说："普天之下，难得的是兄弟，而容易得到的是田地。如果你们得到了田地，却失去了兄弟的情义，又有什么意思呢？"普明兄弟两人叩头，请求去外面再想一想，这样分开了十年的兄弟重归于好。

【延伸阅读】

中国自古就重血缘，儒家的家国政治理论，就是建立在这个框架之上。血缘亲情至上的观念，历代相沿，直到现在还为很多人所信奉，兄弟就是五伦中的重要一项。坊间曾流行调侃兄弟情义的话，"兄弟如手足，老婆如衣服"，意谓兄弟较之于夫妻关系密切，因为前者连着血缘纽带，而后者不过是外姓来仪。历史上乃至于现实中，兄弟和睦的例子当然很多，但是反目成仇的也不鲜见。司马牛的哥哥是宋国的大贵族，他为人很坏，因为谋反失败，几个兄弟跟着在外流亡。有一天司马牛伤心地说："别人都有好兄弟，单单我没有。"子夏安慰他说："我听说过，生死有命，富贵在天。君子只是对待工作严肃认真，不出差错，对待别人辞色恭谨，合乎礼节，四海之内皆兄弟。"（《论语·颜渊》）虽然子夏将"兄弟"的界限扩大到整个国家，但是在很多人的心里，天下的"兄弟"再好再多，终究敌不过自家"兄弟"的骨肉情深。王夫之在告诫家人要兄弟和睦时说："譬如一人左眼生翳，右眼光明，右眼岂欺左眼，以灰屑投其中乎？又如一人右手便利，左手风痹，左手岂妒忌右手，愿其同瘫痪乎？不能于千人万人中出头出色，只寻自家骨肉相凌相忌，只便是不成人，戒之戒之！"（《丙寅岁寄弟侄》）王夫之的观点正确与否暂且不论，但他与上述诸人一样，都看重兄弟之间的情分，并都将情义置于利害冲突之上。正是在这样的背景之下，普明兄弟才会幡然悔悟，握手言欢。在当下人人逐利的语境中，我们也不妨时时提醒自己，人是有情的，人是重情的，不要因为一时的身外之物，而耽误了生命中最珍贵的东西。俗话说"情义无价"，亲情也是如此。

将愤忍过片时，心便清凉

【原典】

彭令君①曰："一朝之愤可以亡身及亲，锥刀之利②可以破家荡业。故愤争不可以不戒。大抵愤争之起，其初甚微，而其祸甚大。所谓涓涓不壅（yōng）③，将为江河；绵绵不绝，或成网罗。人能于其初而坚忍制伏之，则便无事矣。性犹火也，方发之初，戒之甚易；既已焰炽，则焚山燎原，不可扑灭，岂不甚可畏哉！俗语有云：得忍且忍，得诫且诫，不忍不诫，小事成大。试观今人愤争致讼④，以致亡身及亲、破家荡产者，其初亦岂有大故哉？被人少有触击则必愤，被人少有所侵凌则必争。不能忍也，则詈（lì）⑤人，而人亦詈之；殴人，而人亦殴之；讼人，而人亦讼之。相怨相仇，各务相胜，胜心既炽，无缘可遏，此亡身及亲、破家荡业之由也。莫若于将愤之初则便

忍之，才过片时，则心便清凉矣。欲其欲争之初则且忍之，果有所侵利害，徐以礼恳问之，不从，而后徐讼之于官可也。若蒙官司见直，行之稍峻，亦当委曲以全邻里之义。如此则不伤财，不劳神，身心安宁，人亦信服。此人世中安乐法也。比之争斗忿竞，丧心费财，伺候公庭，俯仰胥吏⑥，拘系囹圄（língyǔ）⑦，荒废本业，以至亡身及亲、破家荡产者，不亦远乎？"

【注释】

①彭令君：生平不详。此事见载于《嘉定赤城志》，卷第三十七风土门。该书是南宋陈耆卿主持纂修的一部台州总志。全志分地理、公廨、秩官、版籍、财赋、吏役、军防、山水、寺观、祠庙、人物、风土、冢墓、纪遗、辨误十五门，计四十卷。②锥刀之利：比喻微小的利益，也比喻极小的事情。③涓涓不壅（yōng）：细小的水流如果不堵塞。壅，堵塞。④致讼：导致打官司。⑤詈（lì）：责骂。⑥胥吏：古代的小官吏。⑦囹圄（língyǔ）：也作"囹圉"，监牢。

【译文】

彭令君说过："一时之怒，可以断送性命，连累家人；锥尖刀刃那么大的蝇头小利，可致倾家荡产。所以纷争不可以不忍让。一般来说，纷争都是起源于很小的事情，但是其造成的恶果却很大。这就是人们所说的：细小的流水不阻止它，就能汇成江河；纤细的丝线不斩断它，也可以织成罗网。一个人如果能一开始就坚持忍让，制伏自己的愤怒情绪，就不会有事。人的性情就像火一样，火刚烧起来时容易弄灭，但是一旦烧成大火，就会烧掉山林与草地，很难扑灭了。这难道还不值得我们畏惧吗？所以俗话说：'得忍且忍，得诫且诫，不忍不诫，小事变大事。'再看看现在的人，挑起纷争导致官司缠身，甚至送掉性命，连累家人，造成倾家荡产，当初哪有什么大的原因呢？别人不过就是稍微触犯了你，就怨恨别人；别人稍稍侵占了你的好处，就一定与人争辩。不能忍让，这样就骂人，别人也骂你；殴打别人，别人也殴打你；告别人的状，别人也告你的状。相互仇恨，各人都力争取胜。这种心思越炽热，就越无法遏制了，这就是送掉性命，连累亲人，倾家荡产的原因。不如一开始就忍住愤怒，过一会儿，心境也就自然平静了。如果纷争一开始就忍让，别人果真侵占了你的利益，慢慢地以礼相询；不行的话再去打官司也可以。如果官府主持正义，但判决有些严厉，也应当委曲求全，照顾邻里的情义。这样就不会伤财，也不会劳神，身心安宁，别人也能信服你。这就是世上的安乐法。比起那些竭力与人纷争，以至于费心费财，伺候官府，巴结小吏及关进监狱，荒废事业，甚至丢掉性命连累亲人的人，中间的差距是多么大呀。"

【延伸阅读】

前些年电视剧《武林外传》红遍一时，剧中有一个经典桥段，很为人所引用：姚晨饰演的郭芙蓉，眼见怒气冲

天，一触即发，但瞬间强作欢颜，紧闭目深呼吸，双手做合十状，口中念念有词："冲动是魔鬼！""世界如此美妙，我却如此暴躁，这样不好，不好！"想必大家都是性情中人，多少都受到了性情冲动的痛，所以才会对此心有戚戚。对于一时而起的愤怒所造成的严重后果，前人留下了很多的名言警句，彭令君此处的阐释尤为透辟。他不但谈到了愤怒的特点及其危害，还指点了防范的措施，即在冲动初起之时，便需悬崖勒马，强行压住。正如医生治病，当务之急便是扼住势头，然后再行慢慢调理。如果错过时机，则会尾大不掉，后患无穷。古人云："患生于忿怒，祸起于纤微。"（《韩诗外传》卷九）道理虽然深刻，但是事到临头，很多人还是会重蹈覆辙，除非刻意训练，或者天赋异禀，否则很难做到言行一致。所以对于凡众来说，真正管用和需要的，不是深刻全面的道理，而是简单易行的措施，所谓"法下易由，事寡易为"。彭令君的建议正是如此。"将愤之初则便忍之，才过片时，则心便清凉"，的确能够将人们从出离愤怒的魔界拉回理性的人间，一旦"心境清凉"心平气和，事情自会得到合理的解决。孔子在谈到国家施政的时候，说了如下很受后人诟病的观点："民可使由之，不可使知之。"（《论语·泰伯》）有时候，有些事，我们也不妨先行而后知。

愤争损身，愤讼损财

【原典】

应令君①曰："人心有所愤者，必有所争；有所争者，必有所损。愤而争斗损其身，愤而争讼②损其财。此君子所以鉴《易》之《损》而惩愤也。"

【注释】

①应令君：应俊，宋末元初人，生平事迹不详。编有《琴堂谕俗编》，元人左祥补，分为上下卷。卷上篇目为《孝父母》《友兄弟》《教子孙》《睦宗族》《恤乡里》《重婚姻》《正丧服》《保坟墓》《重本业》；卷下篇目为《崇忠信》《尚俭素》《戒忿争》《谨田户》《积阴德》《择朋友》。此文即出此书卷下之《戒忿争》。②争讼：因争论而诉讼打官司。

【译文】

应令君说："人心中有愤怒，必定要与人争斗；与别人争斗，必定会有所损失。因愤怒而与别人争斗，就会伤害自己的身体；因愤怒而与别人打官司，就会损失自己的财产。这就是为什么君子要用《易经·损》的卦象，来警戒自己不要轻易愤怒的原因。"

【延伸阅读】

孔子多次论及伯夷、叔齐："伯夷、叔齐，不念旧恶，怨是用希。"

（《论语·公冶长》）"求仁而得仁，又何怨？"（《论语·述而》）对他们的评价都很高，其中很大的原因，在于他们不怨恨。因为按世俗的观念来看，他们是有理由怨恨的，自己品德高尚，却落得个饿死首阳山的下场。若干年后，司马迁作《史记》，列传之首便是此二人。他描述的却是一个迥异于孔子的怨恨形象，"余悲伯夷之意，睹轶诗可异焉"（《史记·伯夷列传》）。伯夷到底怨不怨，已经无法考证了。正如西人所说的，自传就是他传，他传就是自传。孔子的不怨，呈现的是孔子的不怨；而司马迁的怨，呈现的是司马迁的怨。这也说明对很多人来说，即便是历史上的名人，也很难做到心中无恨。如果放任怒火燃烧的话，当然会伤人伤己，正如应令君所说的；但如果就此泯灭心中的怒气的话，却又与人性相悖，韩愈说"不平则鸣"，愤怒实在是再自然不过的了。按西方心理学的观点，负面情绪也是需要宣泄的，如果压抑会产生不好的后遗症。应令君的初衷固然很好，告诫人们不要轻易愤怒，以免伤身损财。但他曲解了愤怒的效果，并夸大了愤怒的危害。愤怒作为人的诸多情绪之一，虽然说不上很好，却也很难说坏，换句话说，愤怒本身并无所谓好坏。或许因为愤怒客观上存在的负面影响，才让人对于愤怒产生出不好的印象。但是我们也应该看到，愤怒的情绪也可能结出善果。司马迁在《报任安书》中列举了古代历史上诸多的圣贤，总结那些伟大成绩说"大抵圣贤发愤之所为作也"。所以对于愤怒的情绪，我们不必视为洪水猛兽，只要控制得体，用之得法，何惧之有呢？

十一世未尝讼人于官

【原典】

按《图记》①云："雷孚，宜丰人也，登进士科，居官清白，长厚②，好德与义，以枢相③恩赠太子太师。自唐雷衡为人长厚（咸通中人），至孚十一世，未尝讼人于官。时以为积善之报④。"

【注释】

①《图记》：或为宋代书名，具体内容不详。②长厚：恭谨宽厚。③枢相：宋代担任枢密使者称枢相。④积善之报：《周易·坤·文言》："积善之家，必有余庆。积不善之家，必有余殃。"

【译文】

根据《图记》中记载："雷孚，是宜丰人，登进士科及第，为官清白，做人忠厚，讲究仁义道德，曾担任朝中宰相，并获赐太子太师的官职。从唐代咸通年间的雷衡就为人忠厚，到雷孚共十一代人，他家从来没有与人打过官司。当时的人认为这是他家前辈积德的善报。"

【延伸阅读】

《周易》中说："积善之家，必有余庆。积不善之家，必有余殃。"（《周易·坤·文言》）换成时下的俗语，就是"善有善报，恶有恶报，不是不报，时候未到"。中国人是奉行好人好报的，相信善心善行会带给自己好的结果。当别人取得出色成绩的时候，人们也习惯于用同样的眼光去打量，于是"祖上积德"成了很多人的口头禅。然而善报的说法，看似理所当然，其实很不公平。它夸大了祖先的余荫，而掩盖了当事人的努力。以雷孚而论，他仕途的成功，固然有家族的贡献，十一代不曾与人诉讼，全家忠厚非比寻常，有这样优良的家风，雷孚能够位极人臣，也就不足为奇了。如果说祖先有功劳的话，不在于祖先的福报，而正在于这种优良的门风家训。事实上，优良家训的功效很大，历史上不少大家族，之所以能够绵延久远，很多就是因为家风所致。南朝时期的大家族王、谢就是如此。他们家族中之所以才俊辈出，也绝非偶然。然而按西方哲学的观点，家族环境再好，毕竟只是外部条件，关键之处还在当事人自身。舍弃决定性的内因，而奢谈祖先的福报，难怪很多人不认同。司马迁就是此说的怀疑者。他说：'……天道无亲，常与善人。'若伯夷、叔齐，可谓善人者非邪？积仁絜行如此而饿死！且七十子之徒，仲尼独荐颜渊为好学。然回也屡空，糟糠不厌，而卒蚤夭。天之报施善人，其何如哉？"（《史记·伯夷列传》）既然善人未必有好报，恶人未必得恶报，那么现代人为什么还在引述呢？一半或许是出于习惯使然，传统的俗语，说说而已，当不得真；另一半或许是出于美好的期许，希望社会能够更加公平正义，善赏恶罚体现的就是如此。

无疾言剧色

【原典】

吕正献公①自少讲学，明②以治心养性为本，寡嗜欲，薄滋味，无疾言，无剧色③，无窘步④，无惰容⑤，笑俚近之语，未尝出诸口。于世利纷华、声伎游宴⑥，以至于博弈⑦奇玩，淡然⑧无所好。

【注释】

①吕正献公：即吕公著（1018～1089）。注见"直为受之"条。②明：本传作"即"。③剧色：严厉的脸色。④窘步：急步。⑤惰容：委靡不振的神情。⑥声伎游宴：声色犬马，歌舞宴会。⑦博弈：《论语·阳货》："饱食终日，无所用心，难矣哉！不有博弈者乎？为之，犹贤乎已。"朱熹《四书集

注》："博，局戏；弈，围棋也。"⑧淡然：淡泊，不趋名利。

【译文】

吕公著年少治学，就明白人应当以修身养性为根本，清净寡欲，不事口舌，没有严厉的语言，没有愤怒的脸色，没有慌张的脚步，没有疲倦的神情，戏谑粗俗的话不曾出之于口。对那些世俗的繁华、声色犬马、歌舞宴会乃至赌博、下棋等娱乐活动，都看得很平淡而不去爱好。

【延伸阅读】

古人无论是待人接物，还是居家治学，都十分推崇淡泊宁静。庄子说："君子之交淡若水，小人之交甘若醴；君子淡以亲，小人甘以绝。"（《庄子·山木》）诸葛亮也有过类似的话："非淡泊无以明志，非宁静无以致远。夫学须静也，才须学也，非学无以广才，非静无以成学。淫慢则不能研精，险躁则不能治性。"（《诫子书》）庄子是道家的大师，淡泊无欲本就是他们的主张。诸葛亮身上也有明显的道家色彩，史书

称："亮性长于巧思，损益连弩，木牛流马，皆出其意；推演兵法，作八阵图，咸得其要云。"(《三国志·诸葛亮传》)虽然淡泊宁静有浓厚的道家无为的痕迹，但也不妨为后人所承袭借用。事实上，自汉唐而下到宋明而起的理学，就借鉴了不少佛、道的内容。"物格而后知至，知至而后意诚，意诚而后心正，心正而后身修，身修而后家齐，家齐而后国治，国治而后天下平。自天子以至于庶人，壹是皆以修身为本。"(《大学》)儒家也很重视修身养性，但以清心寡欲作为修行的终极目标，却还是佛、道的内容。不过佛也好，儒也好，道也好，修行的目的都是一样的，即在于使个体能够臻于完善之境。吕公著的恬淡观念，有其时代的理学背景，也有他自身的性格因素，不见得都为其他人所喜好，当然也不具有推广的意义。但是就他本人来说，这套清心寡欲的修行之法，却让他养成了很多良好的习惯，修成了一位十分纯粹的君子，作为一个日后主持朝政的大臣来说，这样的素质是必须的。西方有谚语说"条条大路通罗马"，成才称圣可以有多种方法，关键是要找到适合自己的那条，吕公著找到了，也认真践行了，所以他最后成功了。

子孙数世同居

忍经全鉴

【原典】

温公①曰："国家公卿能守先法久而不衰者，唯故李相昉②家，子孙数世至二百余口，犹同居共爨（cuàn）③，田园邸舍④所收及有官者俸禄，皆聚之一库，计口日给饷。婚姻丧葬所费，皆有常数，分命子弟掌其事。"

【注释】

①温公：即司马光（1019～1086）。注见"忤逆不怒"条。②李相昉：即李昉（925～996），注见"呵辱自隐"条。③爨（cuàn）：烧火做饭。④邸舍：古代专指货栈。

【译文】

司马光说："国家的公卿官吏中，能够继承前辈的礼法，而长久昌盛不衰的，只有已故的丞相李昉家。李昉一家子孙几代，共二百余人，至今仍住在一起，共同生活。田地、菜园中所收成的东西以及为官之人的俸禄，都集中放在一座仓库里，按人口计划开支每日的生活费用。婚丧嫁娶的开支都有规定的数额，由儿孙们分别掌管。"

【延伸阅读】

据说李昉之子去世的时候，皇帝也说过类似的话："帝甚悼之，谓宰相曰：国朝将相家能以声名自立，不坠门阀，唯昉与曹彬家尔。"

（《宋史·李昉传》）从他们艳羡的口吻来看，李家无疑是值得效仿的模范。几代同堂人口众多的大家庭，在现今已经难觅踪迹了，但是在过去却是寻常得见的。只不过大多数是徒具形式，所谓"百足之虫，死而不僵"，仅有少数还能够和睦共处，保持活力。李昉家正好是后者，且是其中的佼佼者，所以得到了上述诸人的衷心夸奖。大家族的养成，有着浓厚的时代色彩，也带有强烈的政治意味。事实上，对于很多现代人来说，大家庭并非是最佳的选择，但是在封建时代，上下和睦、儿孙满堂的情景，却是长期浸润儒家文化之下的国人，特别推崇和孜孜以求的理想。大家庭是彼时人们生活的常态，生活在其中的人们，在享受家庭巨大资源的同时，也在忍受家庭带来的限制。李昉家的特别之处或许在于，家庭成员的自由和限制比较均衡，好比带着镣铐跳舞，李家是跳得最好的那个，于是就成了那个时代的典范。然而话又说回来，李家模式即便再好，也仍然是那个时代的产物，放到当今就难免为人所诟病，而且也绝无实现的可能。"经济基础决定上层建筑"。毕竟社会变了，生活变了，思维变了，家庭的形式也变了。如果说过去的家庭存在形式，对当下还有价值的话，正在于其对"隋义"和"人伦"的肯定。在现代人的生活越来越散，家庭越来越小，个体归属越来越弱，情感色彩越来越淡之际，重温大家庭，不为无用。

愿得金带

【原典】

康定^①间，元昊^②寇边，韩魏公^③领四路招讨，驻延安^④。忽夜有人携匕首至卧内，遽搴（qiān）^⑤帏帐，魏公问："谁何^⑥？"曰："某来杀谏议。"又问曰："谁遣汝来？"曰："张相公遣某来。"盖是时，张元^⑦夏国正用事也。魏公复就枕曰："汝携予首去。"其人曰："某不忍，愿得谏议金带，足矣！"遂取带而出。明日，魏公亦不治此事。俄有守陴卒报城橹^⑧上得金带者，乃纳之。时范纯祐^⑨亦在延安，谓魏公曰："不治此事为得体，盖行之则沮国威^⑩。今乃受其带，是堕贼计中^⑪矣。"魏公握其手，再三叹服曰："非琦所及。"

【注释】

①康定：北宋仁宗年号（1040~1041）。②元昊：李元昊，西夏开国皇帝，党项族人，北魏鲜卑族拓跋氏之后，李姓为唐所赐。1038年自立为帝，脱离宋朝，国号"大夏"，亦称"西夏"，定都兴庆府。建国后多次与宋、辽交战，于三川口、好水川及定川砦等战中击败北宋，于贺兰山之战，大胜辽国，奠定西夏在辽、宋两国的地位。晚年沉湎酒色，好大喜功，被其子宁令哥所弑，死后葬于泰陵。③韩魏公：即韩琦。注见"不形于言"条。④延安：古称延州，历来是陕北地区政治、经济、文化和军事中心。⑤搴（qiān）：同"褰"，撩起。⑥谁

何：是谁。⑦张元：原名张源，北宋永兴军路华州华阴县人，久困科场之后，忿而投奔西夏，为了迎合西夏，特更名为张元，取得西夏主李元昊的重用，入夏六年，先后担任过国相、太师、中书令等，庆历四年（1044）病死。⑧城橹：城上望楼。⑨范纯祐：字天成，范仲淹长子。性英悟自得，尚节行。事父母孝，未尝违左右，不应科第。及仲淹以谗罢，纯祐不得已，荫守将作监主簿，又为司竹监，以非所好，即解去。从父之邓，得疾昏废，卧许昌。凡病十九年卒，年四十九。《宋史》卷三百一十四有传。⑩沮国威：败坏了国家的名声。⑪堕贼计中：中了敌人的计谋。

【译文】

宋朝康定年间，韩琦为了抵御西夏元昊的侵犯，带领四路军马讨伐，部队驻扎在延安。夜里忽然有人拿着匕首来到韩琦的卧室，用力掀开床上的帏帐。韩琦问道："你是什么人？"对方回答道："我来杀你。"韩琦又问："是谁派你来的？"对方回答说："是张相公派我来杀你。"当时，张元在西夏正在执政。韩琦重新躺下来，从容地说："你把我的头拿去吧！"那个人说："我不忍心杀你，只要把你的金带拿走就行了。"于是杀手拿走了韩琦的金带。第二天，韩琦也没有处理这件事。过了一会儿，守城墙的士兵报告说，在城楼上捡到一条金带。韩琦于是收回了金带。当时范纯祐也在延安，他对韩琦说："你不处理这件事是十分得体的，如果处理了，就会有损于国家的威望。现在你承认了金带，就证明敌方拿到了主帅的东西，却是中了敌人的奸计了。"韩琦握着他的手，再三佩服地说："这不是我韩琦所能想到的。"

【延伸阅读】

武侠小说里面经常出现这样的情节：某贪官嚣张跋扈，草菅人命，突然某天一觉醒来，胡须被人割走，于是大惊失色，气焰顿消。这就是所谓的震慑的效果，如果此人还罪不至死的话。《左传》也讲过类似的故事，宣公十五年，楚宋战争在即，"宋人惧，使华元夜入楚师，登子反之床，起之，曰：'寡君使元以病告，曰：敝邑易子而食，析骸以爨。虽然，城下之盟，有以国毙，不能从也。去我三十里，唯命是听。'子反惧，与之盟，而告王。退三十里，宋及楚平"。西夏的杀手也登上了韩琦的床，却没有下手，或许是仰慕他的人品，但是带走他的佩带，张扬于外，也足以扰乱军心。如果军中得知主帅曾遭人劫持，敌人来军帐如若无人之境，那种震骇可想而知。韩琦没有处理张扬，自然是明智的，倒不见得是自己的大度。但是聪明谨慎如韩琦，也有疏漏处，在范纯祐的点醒之后，他深为叹服，正所谓机关重重，防不胜防。在这场金带事件中，韩琦无疑是失败者，既受困于西夏，又落败于范纯祐，但是从韩琦个人的形象来看，却反而得到了巨大的提升：一则是命悬一线时，坦然无惧所显示的勇敢；一则是大难过后，以国事为重所显示的忠诚；一则是考虑欠周时，从善如流所显示的谦虚。常人只要能做到其中一项，就足以傲人了。或许正是韩琦的良好形象，才使得他能够化险为夷。正如杀手钮麑受晋灵公的命令，去行刺大臣赵盾，但是在目睹赵盾的勤勉行迹之后，不忍下手，触槐而死。人格的感召力量是巨大的，但是这种力量却是平日里悉心积攒而成的。

恕可成德

【原典】

范忠宣公①亲族有子弟请教于公，公曰："唯俭可以助廉，唯恕②可以成德。"其人书于座隅③，终身佩服。公平生自养，无重肉④，不择滋味粗粝（lì）⑤。每退自公，易衣短褐（duǎnhè）⑥，率以为常。自少至老，自小官至达官⑦，终始如一。

【注释】

①范忠宣公：即范纯仁（1027～1101），字尧夫，范仲淹次子。注见"唯得忠恕"条。②恕：宽容。成德：成就美德。③座隅：座位的旁边。④无重肉：没有两种以上的肉食。⑤粗粝（lì）：泛指粗劣的食物。⑥易衣短褐（duǎnhè）：改穿粗布衣服。短，同"裋（shù）"。⑦达官：旧指显贵的官吏。《礼记·檀弓下》："诸达官

之长杖。"孔颖达疏云："达官，谓国之卿、大夫、士被君命者也。"

【译文】

范纯仁亲属中有一位子弟，向他请教。他说："只有俭朴可以助人廉洁，唯有宽恕忍让可以助人成就道德。"这位子弟将这句话写在自己的书桌旁，终身奉为格言。范纯仁自己平生修身养性，对于饮食从不讲究，没有两样以上的肉食，也不挑剔口味和做工。从官府回来以后，就换上粗布衣服，习以为常。从小到老，无论是做小官还是任大官，始终都是如此。

【延伸阅读】

宽容无意冒犯之人，不去计较他人的过失是一个君子应该具备的优良品质。日常生活中时有磨擦发生，多一份宽容，就能少一份争吵和仇恨。

别人不小心做错事，违背了你的心愿，打乱了你的计划，对方原本是无心为之，如果你不善加以处理，不能忍受别人的过失，而大发雷霆，只能是加剧对方的恐惧，事情只会是越办越糟。如果反过来宽容对方，肯定是另一种结局。

美国空军著名战斗机飞行员鲍伯·胡佛经验丰富，技术高超。在试飞生涯中，十分顺利地试飞了许多种机型。

有一次，他在接受命令参加飞行表演，完成任务后他飞回洛杉矶，在途中飞机突然发生故障，问题十分严重，飞机的两个引擎同时失灵。他临危不惧，果断、沉着地采取了措施，奇迹般地把飞机迫降在机场。

飞机降落后，他和安全人员检查飞机情况，发现造成事故的原因是用油不对，他驾驶的是螺旋桨飞机，用的却是喷气机用油。

负责加油的机械工吓得面如土色，见了胡佛便痛哭不已。因为他一时的疏忽可能会造成飞机失事和三个人的死亡。胡佛并没有对他大发雷霆，而是上前轻轻抱住那位内疚的机械工，真诚地对他说："为了证明你干得好，我想请你明天帮我干飞机的维修工作。"

这位机械工后来一直跟着胡佛，负责他的飞机维修。以后，胡佛的飞机维修从来没有发现任何差错。

在街头对弈的摊子边上，通常都会围满观众，他们往往指手画脚，

俨然以主人自居，当局者反成了傀儡。最后的结果，通常是主人愤怒制止，围观者悻悻而退。社会上"好为人师"的现象很多，但是"好为人师"的人却得不到尊重，于是就出现了一种很尴尬的局面，套用一句电影台词，"我如此爱国，可是国却不爱我"。心怀好意却得不到认同，原因只有一个，即好为人师者，并不具备师的身份，没有师的资质，自然人微言轻不为人所接受。但是关键之处更在于，好为人师者本身并未做到他所教诲的内容，行不覆言，如何能够取信于人呢？

韩愈说："师者，传道、授业、解惑也。"然而真正的师者，在"知"的传授之外，还应该加上"行"的示范。孔子博闻强识，好学不厌，周游列国，虽然未获大用，但是他学以致用的身教，却赢得了弟子们的衷心爱戴。范纯仁的建议，之所以能让求教者终身铭记，并身体力行，也正在于此。范纯仁不是一个口惠之人。史称他："公平生自养，无重肉，不择滋味粗粝。每退自公，易衣短褐，率以为常。自少至老，自小官至达官，始终如一。"他也不是一个主动施教的人，只是因为别人登门的叩问，才予以指点。古人云："礼有来学无往教。致师而学不能学，往教则不能化君也。"（《韩诗外传》卷三）求学者请益问道，应该是主动的，唯其如此才能显示诚意，学习的效果才有保证。当然这一切的发生，都是建立在师者的才德之上。俗话说的好"酒香不怕巷子深"，若要让他人信服，用力之处在于自修，身教才能言传！

公诚有德

【原典】

荥阳吕公希哲①，熙宁初监陈留②税，章枢密惇③方知县事，心甚重公。一日与公同坐，遽峻辞色④，折公以事。公不为动，章叹曰："公诚⑤有德者，我聊⑥试公耳。"

【注释】

①吕公希哲：吕希哲（1036～1114），字原明，学者称荥阳先生。寿州（治今安徽凤台）人。少从焦千之、孙复、石介、胡瑗学；复从张载、程颢、程颐、王安石游，闻见益广。太学出身，以荫入官。王安石劝其勿事科举，侥幸利禄，遂绝意进取。父吕公著殁，始为兵部员外郎。因范祖禹荐，哲宗召为崇政殿说书。擢右司谏，御史论其进不由科第，以秘阁校理知怀州，谪居和州。徽宗初，召为秘书少监，或以为太峻，改光禄少卿。希哲力请外，以直秘阁知曹州。旋遭崇宁党祸，夺职知相州，徙邢州。罢为宫祠。羁寓淮、泗间，十余年卒。希哲乐易简俭，有至行，晚年名益重，远近皆师尊之。《宋史》卷三百三十六有传。②陈留：今河南开封陈留镇。③章枢密惇：即章惇（1027～1102），字质夫，建州浦城（今属福建）人。治平二年进士，知陈留县。历任提点湖北刑狱、成都路转运使。元祐初，以直龙图阁知庆州。哲宗时改知渭州，有边功。建中靖国元年，除同知枢密院事。

崇宁元年卒，年七十六，谥庄简，改谥庄敏。④辞色：说的话和说话时的神态。⑤诚：的确。⑥聊：姑且，不过。

【译文】

荥阳吕希哲，北宋熙宁初在陈留县任税官。当时章惇正在陈留任知县，他对吕希哲十分器重。有一天，章惇与吕希哲坐在一起，他言辞激烈地指责吕希哲办事不力，但吕希哲始终没有发怒。章惇感叹地说："你的确是道德高尚的人啊！我只不过是想试试您。"

【延伸阅读】

古人总结了很多选拔人才的方法，其中有一项就是临时起意，在对方没有准备的情况之下，突击考察。孔子说："视其所以，观其所由，察其所安，人焉廋哉！人焉廋哉！"（《论语·为政》）李克也说："贵视其所举，富视其所与，贫

视其所不取，穷视其所不为，由此观之可知矣。"（《说苑·臣术》）如此毫无防备的考验，的确能够看出一个人的真正品行，即便此人巧于伪装掩饰，在这样的攻击之下，通常也会显露真容。《世说新语》里面就记录了一例。"服虔既善《春秋》，将为注，欲参考同异；闻崔烈集门生讲传，遂匿姓名，为烈门人赁作食。每当至讲时，辄窃听户壁间。既知不能逾己，稍共诸生叙其短长。烈闻，不测何人。然素闻虔名，意疑之。明早往，及未寐，便呼：'子慎！子慎！'虔不觉惊应，遂相与友善。"（《世说新语·文学》）章楶对于吕希哲的考察，也是如此，不过主人公本就是真身，所以"真金不怕火炼"，为自己赢得了更高的声誉。在这件事情中，吕希哲的淡定固然让人佩服，但是他的勇气更让人钦佩，毕竟他是在与顶头上司说话。长期生活在等级规范中的人，往往已经习惯了低头臣服当顺民，即便对长官有意见，很多人还是会选择沉默，所以"一言堂""用脚投票"，是那个时代常态的景观。相比较之下，吕希哲的"不为所动"，就显得尤其突出。事实上，顺民是没有立场的，没有立场的人，绝少有大才。大凡真正爱才的人，当然愿意听到不同的声音。正如时下里人们经常说的一句话，"真正的知音，往往就是自己的敌人"，信然！

所持一心

【原典】

王公存①极宽厚，仪状伟然。平居恂恂（xúnxún）②，不为诡激③之行。至有所守，确不可夺④。议论平恕，无所向背⑤。司马温公⑥尝曰："并驰万马中，能驻足者，其王存乎？"故自束鬃起家，以至大耋（dié）⑦，历事五世，而所持一心，屡更变故，而其守如一。

【注释】

①王存（1023～1101）：字正仲，丹阳（今属江苏）人。庆历六年（1046）进士，调嘉兴主簿，擢上虞令，除密州推官。治平中，入为国子监直讲，迁秘书省著作佐郎，历馆阁校勘、集贤校理、史馆检讨，知太常礼院。元丰元年（1078），为国史院编修官，修起居注。第二年知制诰，同修国史，兼判太常寺。五年（1082），迁龙图阁直学士，知开封府。改兵部尚书，转户部尚书。元祐二年（1087），拜中大夫、尚书右丞。三年（1088），迁左丞。出知蔡州，移扬州。召为吏部尚书，复出知大名府，改杭州。绍圣初，以右正议大夫致仕。建中靖国元年（1101）卒，年七十九。王存性宽厚，不为诡激之行。《宋史》卷三百四十一有传。②恂恂（xún xún）：恭谨温顺的样子。③诡激：怪异偏激。④确不可夺：坚守不为所动。确，坚固，固定。⑤向背：迎合背弃。⑥司马温公：即司马光（1019～1086）。注见"怙

逆不怒"条。⑦大耋（dié）：古八十岁曰耋，故以"大耋"指老年人，或指高龄。

【译文】

王存为人极为宽厚仁爱，外表伟岸相貌堂堂。他平时恭谨温顺，从来没有偏激的行为。但对自己所坚持的事情，却从不让步。平时评论人事，中正平和，无所偏袒。司马光曾赞许他说："万马奔腾中能够停下来立住脚的只有王存了。"王存从成年入仕，到耄耋之年，一生共侍奉过五代皇帝，一直忠贞不改。虽然中间屡经变故，但是他却始终如一。

【延伸阅读】

在任何时代圆滑世故的人都很多，能够坚持立场的人实属少见。之所以如此，在于坚持立场需要付出代价，有时候还会有性命之忧。春秋时期，齐国发生了一件大事。国君与权臣崔杼的夫人私通，被崔杼射杀了。齐国的大史官记录道："崔杼弑其君。"崔杼要他改写，史官坚持不动，崔杼就

将他杀了。"其弟嗣书，而死者二人。其弟又书，乃舍之。南史氏闻大史尽死，执简以往。闻既书矣，乃还。"（《左传·襄公二十五年》）坚持立场危险如此，人们当然会避而远之。然而有些事情，还是需要有主见的人来完成，如果毫无原则事事圆滑，社会就没有前行的可能了。所以在那些正义之士的眼中，能够坚持己见的人，才是真正值得推崇的。孔子就特别讨厌那种口是心非的人，他说："巧言、令色、足恭，左丘明耻之，丘亦耻之。匿怨而友其人，左丘明耻之，丘亦耻之。"（《论语·公冶长》）"乡愿，德之贼也。"（《论语·阳货》）俗话说"自古英雄惜英雄"，司马光是个正义之士，所以他衷心赞许王存的坚持立场。史书称他："光孝友忠信，恭俭正直，居处有法，动作有礼。在洛时，每往夏县展墓，必过其兄旦，旦年将八十，奉之如严父，保之如婴儿。自少至老，语未尝妄，自言：'吾无过人者，但平生所为，未尝有不可对人言者耳。'诚心自然，天下敬信，陕、洛间皆化其德，有不善，曰：'君实得无知之乎？'"司马光是一时人望，高风亮节万人敬仰，能得他一赞，殊为不易。《周易》之《恒》卦云："不恒其德，或承之羞；贞吝。"王存能恒一不变，故难得。

人服雅量

【原典】

王化基①为人宽厚，尝知某州，与僚属同坐。有卒过庭下，为化基喏②而不及，幕职怒召其卒笞③之。化基闻之，笑曰："我不知其欲得一喏如此之重也。昔或知之，化基无及此喏。当以与之。"人皆服其雅量。

【注释】

①王化基（944～1010）：字永图，真定（今河北正定）人。北宋大臣。太平兴国二年（977）举进士，为大理评事，通判常州。迁太子右赞善大夫、知岚州。淳化中，拜中丞，俄知京朝官考课，迁工部侍郎。至道三年（997），超拜参知政事。咸平四年（1001），以工部尚书罢知扬州。移知河南府，进礼部尚书。大中祥符三年（1010），卒，年六十七。赠右仆射，谥惠献。《宋史》卷二百六十六有传。②喏：古代指出声打招呼。③笞：用鞭杖或竹板打。

【译文】

王化基为人宽厚，曾任某州知州，与同事坐在一起谈话。有一位士兵从院子经过，王化基招呼他，他没有答应就走开了。管事的人很恼火，用鞭子抽打了那位士兵。王化基听到这件事后，笑着说："我不知道士兵没有回应招呼，会造成这么严重的后果。过去如果知道这一点，我就不必打这个招呼了。"当时人都佩服他的度量。

【延伸阅读】

司马迁曾高度评价古代的侠客，他说："今游侠，其行虽不轨于正义，然其言必信，其行必果，已诺必诚，不爱其躯，赴士之厄困，既已存亡死生矣，而不矜其能，羞伐其德，盖亦有足多者焉。"（《史记·游侠列传》）太史公之所以持肯定的态度，正在于游侠身上的信守诺言的品质。因为信诺，所以人们不会轻易许诺，所谓"一诺千金"，指的就是诺言的珍贵。有时候一个人的诺言，可以敌过国家的信誉。春秋时期，小邾射带着句绎这块地准备投奔鲁国，但是怕有变数，就指定子路来做担保，否则就作罢。但是子路不肯去，鲁国执政就派冉有去劝说："千乘之国，不信其盟，而信子之言，子何辱焉？"子路回答说："鲁有事于小邾，不敢问故，死其城下可也。彼不臣而济其言，是义之也。由弗能。"（《左传·哀公十四年》）因为子路信诺，所以不肯轻易许诺，这正是他为人所重的原因。不过本文故事中的士卒的"诺"，却与上述的"诺"全不相干。他因为没有回答长官的招呼，而招致了鞭笞的惩罚。不过长官的反应也是可以理解的，恰如交际场上，你若向对方伸手示好，但对方却无视你的存在，这当然是莫大的羞辱。然而事情是可以从不同角度看的，仁者看到仁，诈者看到诈，角度全因人而定。因为王化基为人宽厚，他才会视此事为小题大做，才会认为对方反应过度。他没有觉得这件事情很严重，而且从宽恕的角度看，很可能只是因为没有听见才没有回应，从士卒的身份处境来看，这种可能性是很大的，试想一名小卒，如何敢无视长官的垂询呢？王化基待下宽厚怜悯，让他赢得了大度的美名；但是现实生活，很多老百姓还在睚眦必报呢。

终不自明

【原典】

高防^①初为澶州防御使张从恩判官，有军校段洪进盗官木造什物^②，从恩怒，欲杀之。洪进绐（dài）^③云："防使为之。"从恩问防，防即诬伏^④，洪进免死。乃以钱十千、马一匹遗防而遣^⑤之。防别去，终不自明，既又以骑追复之。岁余，从恩亲信言防自诬以活人命，从恩惊叹，益加^⑥礼重。

【注释】

①高防（905～963）：字修己，并州寿阳（今山西寿阳）人。性沉厚，守礼法。累世将家。父从庆，戍天井关，与梁军战死。防年十六，护柩以归。事母孝，好学，善为诗。曾任枢密直学士，复出知凤翔。宋太祖乾德元年（963）卒，年五十九。《宋

史》卷二百七十有传。②什物：家庭日常应用的零碎用品。③绐（dài）：欺骗，欺诈。④诬伏：承认了诬陷。⑤遗：赠送。⑥益加：更加，越发。

【译文】

高防当初任澶州防御史张从恩的判官，当时有一名军校叫段洪进，偷了公家的木材做家具，张从恩很气愤，准备杀了他。段洪进伪供说：“这是高防让我干的。”张从恩向高防求证，高防承认了这件事，段洪进免于一死。于是张从恩拿了一万缗钱、一匹马送给高防，打发他走了。高防平静地离去，也不辩明自己的冤枉，后来张从恩又派人骑马将高防追了回来。过了一年多，张从恩的亲信报告说，高防自己认罪，是为了救人一命。张从恩听后惊叹不已，更加礼待高防了。

【延伸阅读】

前些年浙江某富少车祸伤人之后，被媒体曝出雇人顶罪，一时间街谈巷议，全是指责富商的声音。即便顶罪的人出于自愿，放到今天的环境中，无论是官方还是民间，都是不被允许的。但在过去，这样做的人，却有可能被当成英雄，受到人们的崇敬。高防就是如此。他无端地被人诬陷，但是出于救人的心理，他没有辩解，承受了全部的后果，包括被主官辞退。虽然事情最终水落石出，他的名誉得以洗净，但已经是一年以后了。我们很难从现代的语境中去评价高防，因为无论如何，高防的行为都涉嫌违法，即便他的动机纯正。想必在古代，此行为也是不允许的，而高防身在官场，不能说对此不知情。既然是明知，却要故犯，其中必有利弊的权衡。申辩固能脱身，但接受诬陷却能救人一命，代价是自己受到牵连。高防选择了后者，这是他的善良和仁厚使然。其实人们做事的时候，大都会遵循常规，但也会为变通留下空间。孟子在解释"男女授受不亲"时，举了如下的例子："淳于髡曰：'男女授受不亲，礼与？'孟子曰：'礼也。'曰：'嫂溺则援之以手乎？'曰：'嫂溺不援，是豺狼也。男女授受不亲，礼也；嫂溺援之以手者，权也。……'"（《孟子·离娄上》）高防接受诬告，混淆是非，妨碍司法，包庇犯人，也给其他别有用心的人，留下可乘之机，这是"经"的思路；但是接受诬告，却能让别人免于一死，又利莫大焉，俗话说"不能见死不救"，高防救了，这正是"权"的位置。后人显然认同了高防变通的做法，因为他是出于一种十分崇高的目的，还有什么比救人一命更重要呢？在高防的身上，彼时彼地，人情高过了法律，人性超越了制度。

户曹长者

【原典】

长乐陈希颖，至道^①中为果州^②户曹。有税官无廉称，同僚虽切齿而不言，独户曹数^③以大义责之，冀其或悛（quān）^④，已而有他隙。后税官秩满^⑤，将行，厅之小吏持其贪墨^⑥状于郡曰："行箧（qiè）^⑦若干，各有字号。某字号其箧，皆金也。"郡将盛怒，以其事付户曹，俾^⑧阴同其行，则于关门之外，罗致^⑨其所状字箧验治之，闻者皆为之恐。户曹受命，不乐曰："夫当其人居官之时不能惩艾^⑩，而使遂其奸。今其去者，反以巧吏之言害其长，岂理也哉！"因遣人密晓税官，曰："吾不欲以持讦（jié）^⑪之言危君事，无当自白，不则早为之所。"税官闻之，乃易置^⑫行李，乱其先后之序。既行，户曹与吏候于关外，俾指示其所谓有金者，拘送之官，他悉^⑬纵遣之。及造^⑭郡庭，启视，则皆衣食也。郡将释然，税官得以无事去。郡人翕然^⑮称户曹为长者，而户曹未尝有德色。

【注释】

①陈希颖：其父陈令图，为唐末闽国金紫光禄大夫、检校司空、尚书左仆射、上柱国颖川县开国子，食邑六百户。他以长兄令镕之子陈希颖为嗣，其后代才人辈出，据记载称："希颖后人登第者，三世以来二十人。"陈希颖本人生平事迹不详。长乐：今福建省福州市长乐

市。至道：宋太宗赵炅995年～997年间所用年号。②果州：唐武德四年（621）置。因南充城西有历来盛产黄果的果山，故定名"果州"。贞观元年（627）属山南道。开元二十一年（733）属山南西道。大历六年（771）改为充州，十年（775）又改为果州。州治南充县（今四川南充）。后唐长兴年间置永宁军，宋乾德三年（965）改永宁军为果州，州治南充县。咸平四年（1001）属梓州路。重和元年（1118）属潼川府路。嘉定十四年（1221）升果州为顺庆府。③数：多次。④冀其或悛（quān）：希望他有所悔改。⑤秩满：任期结束。⑥贪墨：贪污。⑦行箧（qiè）：旅行用的箱子。⑧俾：使。阴：暗地里。⑨罗致：搜集。⑩惩艾：惩治。亦作"惩刈"。⑪持讦（jié）之言：毁谤的话。⑫易置：调换。⑬悉：全部。⑭造：到达。⑮翕然：一致的样子。

【译文】

　　长乐陈希颖，北宋至道年间任果州户曹。该州有一个税官名声不好，不廉洁，同事们都咬牙切齿地恨他，却无人出来揭发。只有陈希颖多次用大

义道理责备他，希望他有所改悔，因此他们之间产生了隔阂。后来，税官任期满，准备离去，他手下的小官吏拿着税官贪污的清单，送给了郡守，说："税官的行李有若干个箱子，都编了序号，而其中的某号箱子都是金子。"郡守很愤怒，将这件事交给户曹陈希颖办理，叫他派人暗暗跟踪税官，到关门外面就按清单上说的序号，把那个箱子打开检查并惩罚他。听到的人都十分害怕，陈希颖接受命令时，很不高兴地说："他在任官期间不去惩处他，使他犯下了罪，现在他要离去了，反而听从奸巧小官的话，以祸害自己的上司，真是岂有此理！"于是派人偷偷告诉税官说："我不想听从别人的坏话来做危害你的事，如果没有贪污的事应该自我辩解，如果有就早一点做好安排。"税官得知，于是改变了箱子的编号，打乱了先后的秩序。等到启程以后，陈希颖与官吏们在关门外等候，指着那个被称为有金子的箱子，扣留下来送到官府，其余的全都放行。等把那只箱子搬在郡守面前，打开来一看，全是食品和衣服之类。郡守放心了，税官得以无事离任。人们都异口同声地称赞陈希颖为忠厚之人，而他本人从

未显示出有德于人的神色。

陈希颖之所以被人称为忠厚长者，在于他放出了消息，让税官得以无事离任。从整个事情来看，认为陈希颖做得正确的，大概也只有那个得利的税官了。因为其他的同僚，包括税官的属下，甚至于一般的外人，应该都希望税官败露。毕竟谁会甘心看着一个贪官，带着搜刮来的满箱黄金，安然离去呢？所以从世俗的观念来讲，陈希颖的做法，很难让人接受，而故事最后却说"郡人翕然称户曹为长者"，确实有颠倒黑白之嫌。平心而论，户曹的做法，算不得光彩，因为他以所谓的正义之心，放走一位本该受处分的贪官。如果硬要找出陈希颖的优点的话，或许就在于他能够面折于人，不在背后说人，也不在事后说人。当面说人虽然比背后说人好，但鲁莽粗率也是连带的后遗症，所以并不为人所取。孔子曾说："成事不说，遂事不谏，既往不咎。"（《论语·八佾》）事情在未发生时指出，最高明；事情发生时指出，次高明；事情已经发生了才指出，最下等。陈希颖正是遵循了这样的理论。他在税官任职的时候，多次责备教诲，以至于产生隔阂。等到税官要离职了，即便存在有问题，他也觉得事情已经结束，应该是"既往不咎"了。这样的观点看上去好像有理，但却经不起推敲。税官贪赃枉法，是大家都心知肚明的事，同事不予告发，充其量是胆小怕事，并不等于姑息养奸。而且税官离职，也不能算是事情完结，追究审查甚至惩治都是完全可行的。如果按他的逻辑，那些越狱成功的犯人，偷盗得逞的匪徒，都应该不予追究了。这显然是极其荒谬的事情。

逾年后杖

忍经全鉴

【原典】

曹侍中彬①，为人仁爱多恕。尝知徐州②，有吏犯罪，既立案，逾年然后杖之，人皆不晓其旨。彬曰："吾闻此人新娶妇，若杖之，彼其舅姑③必以妇为不利而恶之，朝夕笞骂④，使不能自存。吾故缓其事而法亦不赦也。"其用志如此。

【注释】

①曹侍中彬：曹彬（931～999），字国华，真定灵寿（今河北灵寿）人。后周显德五年（958），奉诏出使吴越，累官至引进使。乾德二年（964）率军灭后蜀，升宣徽南院使。开宝七年（974）攻灭南唐，次年克金陵，又决策伐北汉和攻辽，以功擢枢密使。雍熙三年（986），宋分兵三路攻契丹，他为东路军主将，因孤军冒进、兵疲粮乏撤军，被契丹军击败，致宋军全线溃退，降右骁卫上将军。后复起为侍中、武宁军节度使。宋真宗即位复任枢密使。死后谥"武惠"。事详《宋史·曹彬传》列传第十七。②徐州：古称"彭城"，位于今江苏省北部。③舅姑：公婆。④笞骂：打骂。

【译文】

侍中曹彬为人仁义慈爱，心怀宽恕。曾任徐州太守，有个官员犯了罪，立案以后，过了一年才杖罚他。别人都不知道曹彬这样做的用意，曹彬说："我听说这个人新婚不久，如果当时就处罚他的话，新媳妇的公婆一定以为是新媳妇带来的坏运气，而讨厌新媳妇，早晚打骂而使新媳妇难以生存。于是我故意延缓处置他，而又没有违反法规。"曹彬的用意良苦。

【延伸阅读】

什么样的官是好官？仁者见仁智者见智。人们可以开出一大堆的条件，但刚正廉洁、大公无私，应该是好官必备的素质，所以过去的小说戏剧中，大凡是民间有冤案，最后都是"青天大老爷"来化解。"青天"的象征含义，就是大公无私。然而若只有廉洁，也不见得能成为百姓拥戴的好官。有的时候，清官还会作恶。著名的例子莫过于《老残游记》中的玉贤、刚弼，两人自恃清廉，但却造孽无数，让百姓苦不堪言。"那老董叹口气

道：'玉大人官却是个清官，办案也实在麻力，只是手太辣些，初起还办着几个强盗，后来强盗摸着他的脾气，这玉大人反倒做了强盗的兵器了。'"（第四回）"老残道：'你们这玉大人好吗？'那人道：'是个清官！是个好官！衙门口有十二架站笼，天天不得空，难得有天把空得一个两个的。'"（第五回）小说对清官的刻画真实深刻，也点到了好官的软肋。大公无私充其量只能成为清官，但离好官的路途尚远。周星驰饰演的电影《九品芝麻官》里面有一句经典的台词："这贪官要奸，清官要更奸，要不然怎么对付得了那些坏人？"此话虽然出自特定的语境，但是也道出了好官的另一重要素质，即智慧。在尔虞我诈的官场，个体要有所作为，的确需要一些变通的手段，但是最重要的还是仁爱之心。曹彬就是一个典型的好官，他正直、清廉、智慧，而且仁爱。史书称："彬性仁敬和厚，在朝廷未尝忤旨，亦未尝言人过失。伐二国，秋毫无所取。位兼将相，不以等威自异。遇士夫于途，必引车避之。不名下吏，每白事，必冠而后见。居官奉人给宗族，无余积。"孔子说："宁武子邦有道则知，邦无道则愚。其知可及也，其愚不可及也。"（《论语·公冶长》）曹彬的不可及处，正在于他的仁爱多恕之心。

终不自辩

【原典】

蔡襄①尝饮会灵东园,坐客有射矢误中伤人者,客遽(jù)②指为公矢,京师喧然③。事既闻,上以问公,公即再拜愧谢④,终不自辩,退亦未尝以语人⑤。

【注释】

①蔡襄(1012~1067):字君谟,兴化仙游(今福建仙游)人。天圣八年(1030)进士,先后担任馆阁校勘、知谏院、直史馆、知制诰、龙图阁直学士、枢密院直学士、翰林学士、三司使、端明殿学士等职,出任福建路转运使,知泉州、福州、开封和杭州府事。治平四年(1067)卒,年五十六。赠吏部侍郎。乾道中,赐谥曰忠惠。事详《宋史·蔡襄传》列传第七十九。②遽(jù):急忙,仓促。③喧然:议论纷纷的样子。④愧谢:感到惭愧并道歉。⑤语人:告诉别人。

【译文】

蔡襄曾经在会灵东园饮酒,席间一位坐客射箭误伤了一位游人,坐客立即说是蔡襄的箭矢,京城里一下子都纷纷传说这件事。皇帝听说后问蔡襄,蔡襄只是叩头请求原谅,始终不替自己辩白,回来以后也没有告诉别人。

【延伸阅读】

故事结尾说蔡襄对此事"终不自辩，退以未尝以语人"，如果我们八卦一点追问：既然蔡襄本人未说，那作者又是如何知道这件事呢？套用钱锺书先生对《左传》的评语，大约只能是"遥想当年，想当然耳"。然而即便此事不假，以蔡襄的身份，想必也是百口莫辩吧。他是官员，位高权重，处在社会的上层，而与之对垒的是普罗凡众，依照国人一贯的仇富心理，在这场实力悬殊的官司里面，蔡襄无论如何都会落败，尽管他可能是无辜的。权贵财富为一般人所孜孜以求，因为它们神通广大，俗话说"有钱能使鬼推磨""有权能使磨推鬼"。或许正是人们对它们使用太过功利，也让大众的心态变得微妙复杂，仇富的心理就是其中一例。子贡说："纣之不善，不如是之甚也。是以君子恶居下流，天下之恶皆归焉。"（《论语·子张》）意思是说，商纣王也不见得就如传闻的那么坏，只不过他最终失败落到了下风，所以天下所有的坏名声都集中到了他的身上。这种偏见几乎是无法扭转的，所以民间的舆论永远偏袒弱者，有时候完全无视事实。蔡襄不幸正好是碰上了这样的事情，处在舆论的失利一方，如果再去辩解，即便胜利，也仍不会为舆论所容，所以对于蔡襄而言，最佳的处理，莫过于沉默接受。不过上述的推断，只能从顾全大局且气度宏伟之人的立场得出，对于那些仗势欺人且无视百姓弱者的官员富商来说，却是不能成立的。史书称："襄精吏事，谈笑剖决，破奸发隐，吏不能欺。""襄工于书，为当时第一，仁宗尤爱之，制《元舅陇西王碑文》命书之。及令书《温成后父碑》，则曰：'此待诏职耳。'不奉诏。于朋友尚信义，闻其丧，则不御酒肉，为位而哭。"（《宋史·蔡襄传》）精明如此，耿介如此，而能谦卑，足显蔡公的不可及。

自择所安

【原典】

张文定公齐贤①，以右拾遗为江南转运使。一日家宴，一奴窃银器数事于怀中，文定自帘下熟视②不问尔。后文定晚年为宰相，门下厮役③往往皆待班行，而此奴竟不沾禄。奴乘间④再拜而告曰："某事相公最久，凡后于某者皆得官矣。相公独遗某，何也？"因泣下不止。文定悯然⑤语曰："我欲不言，尔乃怨我。尔忆江南日盗吾银器数事乎？我怀之三十年不以告人，虽尔⑥亦不知也。吾备位⑦宰相，进退百官，志在激浊扬清⑧，敢以盗贼荐耶？念汝事吾日久，今予汝钱三百千，汝其去吾门下，自择所安。盖吾既发汝平昔⑨之事，汝其有愧于吾而不可复留也。"奴震骇，泣拜而去。

【注释】

①张文定公齐贤：张齐贤（942～1014），字师亮，曹州冤句（今山东菏泽南）人，徙居洛阳，进士出身，先后担任通判、枢密院副史、兵部尚书、吏部尚书、分司西京洛阳太常卿等官职，还曾率领边军与契丹作战，颇有战绩。为相前后二十一年，对北宋初期政治、军事、外交各方面都做出了极大贡献。宋真宗大中祥符七年（1014）卒，赠司徒，谥文定。《宋史》卷二百六十五有传。②熟视：注目细看。③厮役：古代干粗杂活的奴仆。待班行：指做官。④乘间：利用机会。

⑤悯然：忧愁，烦闷。⑥虽尔：即使是你。⑦备位：居官的自谦之词。
⑧激浊扬清：冲去污水，让清水上来。比喻清除坏的，发扬好的。⑨平
昔：过去。

【译文】

张齐贤从右拾遗升为江南转运使。一天举行家宴，一个仆人偷了若干件银器藏在怀里，齐贤在门帘后看见却不过问。后来，张齐贤晚年任宰相，他家的仆人很多也做了官，只有那位仆人竟没有官职俸禄。这个奴仆乘空闲时间跪在张齐贤面前说："我侍候您时间最长，比我后来的人都已经封官，您为什么独独遗忘了我呢？"于是不停地哭泣。张齐贤同情地说："我本来不想说这件事，又怕你会怨恨我。你还记得在江南的时候，你偷盗银器的事吗？我将这件事藏在心中近三十年，一直没有告诉过别人，恐怕你自己也已经忘记了。我现在位居宰相，任免官员，本在激励贤良先进，斥退贪官污吏，怎能推荐一个小偷做官呢？看在你侍候了我很长时间，现在给你三十万钱，你离开我这儿，自己选择一

个地方安家吧。因为我揭发你过去的这件丑事，想必你会觉得有愧于我，而无法再留下。"仆人十分震惊，哭着拜别而去。

【延伸阅读】

时间具有神奇的魔力，能够让往事尘封，也能让旧事重现。张家的仆人绝对没有想到，自己三十多年前的一次不干净的偷窃行为，竟然还会为人记起，而且点点滴滴，分毫不差，他的震骇可想而知。我们读后不免感慨，亏心的事情既然做了，就一定会有暴露的一天，只不过时间早晚罢了。这也正应了一句古训，"若要人不知，除非己莫为"，信然！然而我们在感慨仆人的因小失大之余，也不免惊诧于张齐贤的记忆力之好以及忍耐力之强。对一般人来说，三十年的时光，足以让很多事情变淡消亡。除非事情极为重要，本就不想忘记；或者是记忆力极好，想忘却忘不掉，否则我们就得要责以小人之心了。张齐贤想必是记忆力极好之人，正如吕蒙正所说的"若一知其姓名，终身便不能忘"。如果忘不掉，碍于某种原因，又不好揭发的话，必定会让自己痛苦不堪。所以有时候，有些事情真"不如不闻"，免得心存芥蒂，但是事情既然发生了，自己又正好参与了，也就无可奈何了。揭发人之过，是古代君子所不齿的。明人洪应明说："不责人小过，不发人隐私，不念人旧恶，三者可以养德，亦可以远害。"（《菜根谭》）所以历史上很多有涵养的人，都将平生所遇的一些憾事，埋藏心底，秘不示人。比较而言，张齐贤三十年的忍耐，似乎有功亏一篑的感觉。虽然我们也能为他找到很多不得不说的理由，比如人家追到门口了，兴师问罪，再无退路；或者是小人得寸进尺，贪婪无厌，忍无可忍等。然而张齐贤的揭破旧事，既让自己陷于不恕之地，也使得仆人的愧疚之伤复发，最后主仆分道扬镳，无论如何都说不上是理想的结果。当然，对于常人而言，张齐贤能够做到三十年的隐忍，也已经是十分难得的了。

称为善士①

【原典】

曹州于令仪者②，市井人也，长厚不忤物③，晚年家颇丰富。一夕，盗入其家，诸子擒之，乃邻舍子也。令仪曰："尔素寡过④，何苦而盗耶？""迫于贫尔。"问其所欲，曰："得十千足以资衣食。"如其欲与之。既去⑤，复呼之，盗大惧。语之曰："尔贫甚，负十千以归，恐为逻者所诘。"留之至明使去。盗大感愧，卒为良民。邻里称君为善士。君择子侄之秀者，起学室⑥，延名儒以掖之⑦。子伋，侄杰、效，继登进士第，为曹南令族⑧。

【注释】

①称为善士：此事出自宋人李元纲《厚德录》。②曹州：宋代州名，位于今山东境内。于令仪：人名，事不详。于，亦作"於"。③长厚不忤物：宽厚而不得罪人。④素：素来，一贯。寡过：少有过错。⑤既去：已经离开。⑥学室：犹言学堂。⑦掖：扶持，比喻教导。⑧令族：有名望的家族。

【译文】

曹州有一个叫于令仪的人，本是一个小生意人，他为人宽厚，从不损人利己，晚年家境颇为富裕。一天晚上有人到他家行盗。儿子们抓住了小偷，原来是邻居的儿子。于令仪对他说："你平时从未做过坏事，为什么要做小偷呢？"那人回答说："都是贫穷逼的。"问他想要什么，小偷回答说："有一万钱就足以买食物及衣服了。"于令仪按照他要求的数目给了他。小偷刚一走，于令仪又叫他回来，盗贼很怕，以为他后悔了。于令仪对他说："你十分贫穷，晚上却背着一万钱，恐怕巡逻的人会盘问你。"留到天亮才打发他走。盗贼十分惭愧，终于成为良民。邻里都称于令仪是好人。于令仪选择子侄中的优秀者，办了学校，请有名望的教书先生来执教。儿子伋，侄子杰、效，相继考中了进士。于家成了曹州南面一带的望族。

【延伸阅读】

管仲说："仓廪实而知礼节，衣食足而知荣辱，上服度则六亲固。"换成现代的话，就是人首先要吃饱穿暖，只有衣食无忧，才能奢谈礼义廉耻。也就是现在通常所说的"经济基础决定上层建筑"。这样的理论很多时候是成立的，但也不尽然。比如本故事中的沦为小偷的邻家子正好可以作为理

论的注脚，而曹州小商人于令仪的行为则似乎是反例。因为生活的困顿，让"素寡过"的小儿失去了廉耻；因为他是生计所迫，才得到了于令仪的同情。但是贫穷不是人变坏的借口，换句话说，穷人也并非全无礼义廉耻。现实生活中，无论古今，情况似乎相反。淳朴厚道的老百姓随处可见，为富不仁的官富帅同样很多。孔子曾说"礼失求诸野"，意思是说，官方缺失的礼仪，很可能在民间保留着呢。于令仪就属于这类人。他从小本生意起家，通过自己勤勉的劳动，宽厚的为人，使得家庭日渐富裕。仓廪丰实之后，面对他人的困难，也能仗义疏财，予以救助。在于令仪的身上体现很多老百姓的美德，诸如诚实勤奋，乐善好施，细心谨慎等，这些美德很多不是他富裕之后才有的。或者正如孟子所说的，人的本性是善的，于令仪不过是很好地保持了自己的本性。等到自己富裕之后，财富使得他向善的本性进一步增强，他最后脱胎换骨，成功地跻身于官绅之列。于令仪应该是官方最为理想的宣教样本，这个样本讲述的是通过自己的努力成功变身的民间发家史。故事的结果很完美，一个行善的好人最后有了好报，正如《周易》所说的"积善之家必有余庆"。但是我们会担心，故事的后续：成为官绅的于老爷一家，还能如以前那样善良本分、乐善好施吗？

得金不认

【原典】

张知常在上庠日[①]，家以金十两附致于公，同舍生[②]因公之出，发箧（qiè）[③]而取之。学官集同舍检索[④]，因得其金。公不认，曰："非吾金也。"同舍生至夜袖以还公，公知其贫，以半遗[⑤]之。前辈谓公遗人以金，人所能也。仓促得金不认，人所不能也。

【注释】

①张知常：生平资料不详。此事见载于南宋吴曾撰《能改斋漫录》卷十二"记事"，原题为"张知常不认同舍金"。其后有文云"此事播绅类能言之，而汪彦章为公碑铭不载，何耶？"汪藻（1079～1154），字彦章，德兴（今属江西）人。北宋末、南宋初文学家。崇宁二年（1103）进士。北宋时官至太常少卿、起居舍人。南宋时，官至显谟阁大学士、左大中大夫，封新安郡侯。②同舍生：同屋的人。③发箧（qiè）：打开箱子。④学官：主管学务的官员和官学教师。检索：搜查。⑤遗：赠送。

【译文】

张知常在太学读书的时候，家里托人带给他十两金子，同寝室的人看到张知常不在，就打开箱子，把金子拿走了。学校的官吏召集同寝室的人进行搜查，搜到了金子，张知常却说："这不是我的金子。"

同寝室的人，趁夜晚将金子放在衣袖中归还张知常，张知常知道他很贫穷，送了一半金子给他。老人家们说，张公送给人家金子的事情，常人也能做到。但是在仓促之间，不承认自己的金子，就不是人人都办得到的了。

【延伸阅读】

苏辙在《上枢密韩太尉书》中说："文不可以学而能，气可以养而致。"意谓要写好文章关键在于养气，气盛自然文佳。然而养气的工作，却不是短时间之内能见效的，需要多年甚至于一生的投入。即便大才如孟子，也谦虚地称自己"四十始不动心"，才养成了浩然之气。当然养气不仅在于做好文章，还在于做人做事的必要修为。人品之难成，正如文章之难做，都需要艰辛的积累。但是在这个过程中，有些人走得很轻松，有些人走得很沉重。孔子说："生而知之者，上也；学而知之者，次也；困而学之，又其次也；困而不学，民斯为下矣。"张知常大体近于"学而知之"。故事结尾说，前辈们评价张公"仓促得金不认，人所不能"，基本上道出的是实情，但却未必达到了如此的高度。学官之所以要搜查宿舍，自然是张知常回来之后，不见了金子向上汇报所致。他或许没有想到会是同学所为，也可能没有深思搜查的后果。只是在事情的发展过程中，他意识到了问题的严重性，才拒不认金。从金子失窃，到报官，到搜查，到发现，张知常有足够的时间思考，事情不见得是在仓促中发生。当然我们如此苛求，并不影响他的品德高尚，因为很多人在这样的时刻，也不见得能够舍己救人。如果从传统故事的叙述模式来看，更为理想的结果或许是，连报官都不会有，更不要说实际搜查了。《世说新语》中有这样一个故事："管宁、华歆共园中锄菜，见地有片金，管挥锄与瓦石不异，华捉而掷去之。又尝同席读书，有乘轩冕过门者，宁读如故，歆废书出看，宁割席分坐，曰：'子非吾友也！'"（《世说新语·德行》）看见黄金，虽捡起来扔掉，但心中尚有金，当然不如从一开始就视而不见来得彻底。不过这看似俯仰之间的差距，却可能是凡圣的云泥之别。

一言齑粉

【原典】

丁晋公①虽险诈，亦有长者②之言。仁庙③尝怒一朝士，再三语及公，不答，上作色曰："叵（pǒ）耐④，问辄不应。"谓徐奏⑤曰："雷霆之下，更加一言，则齑（jī）粉⑥矣。"上重答言。

【注释】

①丁晋公：丁谓（966～1037），字谓之，后更字公言，长洲（今江苏苏州）人。宋太宗淳化三年（992），登进士甲科，为大理评事、通判饶州。宋真宗大中祥符五年至九年（1012～1016）任参知政事，天禧三年至乾兴元年（1019～1022）再任参知政事、枢密使、同中书门下平章事，前后共在相位七年。乾兴元年（1022），封晋国公。后因女道士事，语涉妖诞，贬崖州司户参军。在崖州逾三年，徙雷州，又五年，徙道州。明道中，授秘书监致仕，居光州，卒。《宋史》卷二百八十三有传。险诈：阴险狡诈。②长者：有德行的人。③仁庙：宋仁宗。④叵（pǒ）耐：不可忍耐，可恨。⑤徐奏：慢慢地回答。⑥齑（jī）粉：粉末，碎屑。

【译文】

晋国公丁谓虽然阴险狡诈，但也有过长者的言行。宋仁宗曾憎恨一位官员，再三地与丁谓说，丁谓都没有反应，皇上生气地说："问你总不回答，真让人无法接受。"丁谓慢慢地说："在您大发雷霆之时，我再附和一句，那不就要将那位官员捻成粉末了吗！"皇上很重视他的意见。

【延伸阅读】

中国人历来极为重视人品，所以选官用人，通常都是德才兼备，而德往往更具分量。孔子就打过如下极端的比方，他说："如有周公之才之美，使骄且吝，其余不足观也已。"（《论语·泰伯》）即便是古人面对生死的限断，想要不朽的时候，最想达成的三个层次中，也是德居首位，"太上有立德，其次有立功，其次有立言"（《左传》）。在这样的文化传统之下，有德掩众丑、无德不足论，就成了很多人理所当然的共识。然而，德固然重要，但毕竟不是人生的全部，所以一票否决，未免有失公允。正如有德的人或许存在偶然的缺

点，无德之人也可能具备过人的优长。从一分为二的哲学理论来看，即便是奸佞如丁谓，也还是有可称道的地方。史书称："少与孙何友善，同袖文谒王禹偁，禹偁大惊重之，以为自唐韩愈、柳宗元后，二百年始有此作。""谓机敏有智谋，俭狡过人，文字累数千百言，一览辄诵。在三司，案牍繁委，吏久难解者，一言判之，众皆释然。善谈笑，尤喜为诗，至于图画、博奕、音律，无不洞晓。每休沐会宾客，尽陈之，听人人自便，而谓从容应接于其间，莫能出其意者。"不可否认，丁谓确是很有才华的人，他一路飞黄腾达，也并非都是钻营所致。宋人沈括在《梦溪笔谈》中记载了丁谓"一举而三役济"的故事。真宗年间，内官失火，楼榭亭台，付之一炬。真宗命丁渭修葺宫廷。丁谓采取了"挖沟取土，解决土源；引水入沟，运输建材；废土建沟，处理垃圾"的施工方案，不仅"省费以亿方计"，还大大缩短了工期。只可惜，丁谓辜负了自己的好才华，品德的偏差，最终还是让他功败垂成，也再一次验证了德为根本的古训。

无人不自得

【原典】

患难，即理也。随患难之中而为之计，何有不可？文王困^①羑里^②而演《易》，若无羑里也；孔子围陈蔡而弦歌^③，若无陈蔡也。颜子箪食瓢饮而不改其乐^④，原宪衣敝履穿而声满天地^⑤，至夏侯胜居桎梏而谈《尚书》^⑥，陆宣公谪忠州而作集^⑦，验此无他，若素^⑧生患难而安之也！《中庸》^⑨曰："君子无入而不自得焉。"是之谓乎？

【注释】

①理：事物的规律。"文王"句：文王，周文王。困：囚禁。②羑（yǒu）里：古地名，一作"牖里"，在今河南安阳汤阴县。演：推演，推算，演绎。③"孔子"句：围陈蔡，指孔子及其弟子在陈国、蔡国边境受到围困。弦歌：弹琴唱歌。④"颜子"句：颜子：颜回，孔子最得意的弟子。箪食瓢饮：一箪食物，一瓢饮水，比喻生活清贫。⑤"原宪"句：原宪：字子思，孔门弟子。衣敝履穿：衣服破旧，鞋子脱落。⑥"夏侯胜"句：指夏侯胜被关进监狱而仍与人谈《尚书》一事。夏侯胜，字长公，西汉宁阳侯国（今山东宁阳）人。著名今文尚书学"大夏侯学"的开创者。桎梏：脚镣手铐，指被关入监牢。⑦"陆宣公"句：陆宣公：陆贽（754～805），字敬舆，苏州嘉兴（今属浙江）人。唐代著名政治家，文学家。忠州，即今忠县，位于重庆中部。集，

文集，陆贽有《陆宣公翰苑集》二十四卷行世。⑧素：原本，一贯。⑨《中庸》：《中庸》是《礼记》的篇目之一，在南宋前从未单独刊印，相传为战国时孔子之孙子思所作。宋代朱熹将其与《大学》《论语》《孟子》并称"四书"。"中庸"主张处理事情不偏不倚，认为过犹不及，是儒家核心观念之一。

【译文】

人生患难，也是常理。处在患难中却能做自己的事，有什么不可以的呢？周文王被关在羑里时却演绎《周易》，好像没有羑里这块地方；孔子被围在陈国和蔡国，却弹琴唱歌，好像没有什么陈国和蔡国。颜回用竹筐吃饭，木瓢喝水，却仍然保持快乐；原宪衣衫鞋子破旧，却能声誉满天下。夏侯胜在监狱中却谈论《尚书》，陆贽被贬到忠州却作诗文集。对照这些，好像他们是一直处在患难之境，所以能够安之若素。《中庸》说："君子在任何地方都能自得其乐。"说的就是上述的这些贤达吧？

【延伸阅读】

据说人类是唯一能幻想的动物，这项特长让人们能够超出当下的处境，去前瞻或回望，在比较的过程中，让我们意识到生命的绵延和短暂，意识到活着的可贵与无聊。幻想有利也有弊。它在帮助人们超越的时候，给了我们生活的希望；但是对于过去的怀想，也让我们不免对当下心存厌倦，于是便多了逃避偷懒的借口。对很多人来说，后者或许是更主要的。因为从古到今，无论是东方还是西方，很多人都认为自己生不逢时，永远是那个怀才不遇的人，永远是那个总是碰到坏运气的人。即便是在大汉王朝的文景之治，还是盛唐气象的贞观开元，我们都能听到很多抨击的声音。古人曾经说："天下不如意，恒十居七八，故有当断不断。"（《晋书·羊祜传》）事实是否如此另当别论，至少从很多人的主观感受来说，不如意的现状却是很能引发共鸣的。不如意是大多数人的现实，但是人们应对的态度却迥异。有的人是"不平则鸣"，选择反抗；有的人是"无可奈何"，选择顺从；有的人

很乐观，视逆境为养成品格的利器；有的人很消沉，将不顺看成是上天的责罚，凡此等等不一而足。同样的事物之所以观感不同，正在于观者之间的差异，这种差异呈现的是人生境界的高低。患难对很多人来说是负面的，但是有些人却从中看到了希望，还有人甚至从中彻悟到生活的真谛。孟子说："天将降大任于是人也，必先苦其心志，劳其筋骨，饿其体肤，空乏其身，行拂乱其所为，所以动心忍性，曾益其所不能。人恒过，然后能改；困于心，衡于虑，而后作；征于色，发于声，而后喻。入则无法家拂士，出则无敌国外患者，国恒亡。然后知生于忧患而死于安乐也。"（《孟子·告子下》）孟子是个积极进取的人，他将患难当作成才的工具，说得不免过于慷慨激昂。不如本文"随患难之中而为之计""若素生患难而安之"，将患难视为平淡的生活，一如往素，无特别之喜，也无特别之怨。禅宗大师青原行思提出参禅的三重境界：参禅之初，看山是山，看水是水；禅有悟时，看山不是山，看水不是水；禅中彻悟，看山仍然是山，看水仍然是水。《中庸》所谓的"君子无人而不自得"，大抵就是禅宗的第三重境界：看山还是山，看水还是水。

不若无愧而死

【原典】

范忠宣公奏疏①，乞将吕大防等引赦原放②，辞甚恳，至忤大臣章惇③，落职知随④。公草疏时，或⑤以难回触怒为解，万一远谪⑥，非高年所宜。公曰："我世受国恩，事至于此，无一人为上言者。若上心遂回，所系非小。设有不从，果得罪死，复何憾？"命家人促装以俟谪命。公在随几一年，素苦目疾，忽全失其明，上表乞致仕⑦，章惇戒堂吏不得上，惧公复有指陈，终移上意，遂贬公武安军节度副使，永州⑧安置。命下，公怡然就道⑨。人或谓公为近名，公闻而叹曰："七十之年，两目俱丧。万里之行，岂其欲哉！但区区爱君之心不能自已，人若避好名之嫌，则无为善之路矣。"每诸子怨章惇，忠宣必怒止之。江行赴贬所，舟覆，扶忠宣出，衣尽湿，顾诸子曰："此岂章惇为之哉！"至永州，公之诸子闻韩维⑩少师谪均州，其子告惇以少师执政日与司马公⑪议论多不合，得免行。欲以忠宣与司马公议役法不同为言求归。曰公，公曰："吾用君实荐以至宰相，同朝论事不合即可，汝辈以为今日之言不可也。有愧而生，不若无愧而死。"诸子遂止。

【注释】

①范忠宣公：即范纯仁（1027～1101）。字尧夫，范仲淹次子。注见"唯得忠恕"条。②吕大防（1027～1097）：字微仲，京兆蓝田

（今陕西蓝田）人。北宋仁宗皇祐初举进士第，调冯翎主簿。历监察御史里行。英宗时，首言纪纲赏罚未厌四方之望，议濮王称考，是顾私恩，违公议，章累十数上。元丰初，知永兴军。神宗以彗星求言，大防陈三说九宜，累数千言。时用兵西夏，调度百出，有不方便者，辄上闻，务在宽民。元祐初，封汲郡公，拜尚书左仆射，兼门下侍郎，与范纯仁同心辅政。进退百官，不干以私，不市恩嫁怨以邀声誉；八年始终如一。后为章惇等所构，贬死，追谥正愍。《宋史》卷三百四十有传。引赦原放：免罪释放。引，招来。③章惇（1035～1105）：字子厚，福建浦城（今福建浦城）人。为宋朝的新党政治人物，新旧党争的要角。嘉祐二年（1057）举进士，因侄儿章衡考取状元，便不就而去，再举进士甲科，调商洛令。章惇虽力主改革，但与王安石意见不合而不为其所用，后为宋神宗起用，熙宁五年（1072）受命察访荆湖北路，五年后调参知政事，平定四川、贵州、广西三省交界的叛变，招抚四十五州。后宦海沉浮，哲宗朝曾权倾朝野，大量放逐旧党官员。徽宗即位后，将他一贬再贬，不久死于任上。死后被追贬为昭化军节度副使。《宋史》卷四百七十一有传。④随：随州。位于湖北省北部，闻名于世的编钟出土于此。⑤或：有的人。⑥谪：封建时代特指官吏降职，调往边外地方。⑦致仕：古代官员辞职归家。古人还常用致事、致政、休致等名称。⑧永州：位于湖南省西南部潇湘二水汇合处，古称零陵，雅称潇湘，别称竹城。⑨就道：上路。⑩韩维（1017～1098）：字持国，开封雍丘（今河南杞县）人。以父荫为官，父韩亿死后闭门不仕。仁宗时由欧阳修荐知太常礼院，不久出通判泾州。为淮阳郡王府记室参军。英宗即位，召为同修起居注，进知制诰、知通进银台司。神宗熙宁二年迁翰林学士、知开封府。因与王安石议论不合，出知襄州，改许州，历河阳，复知许州。哲宗即位，召为门下侍郎，一年余出知邓州，改汝州，以太子少傅致仕。绍圣二年定为元祐党人，再次贬谪。元符元年卒，年八十二。《宋史》卷三百一十五有传。均州：治所在今今湖北省丹江口市均县镇关门岩附近。⑪司马公：即司马光（1019～1086）。注见"忤逆不怒"条。

【译文】

范纯仁上书皇帝，要求赦免吕大防等人，言辞十分恳切，以至于触怒了大臣章惇，被贬为随州知州。当范纯仁上书时，有人说，万一触怒皇帝被贬斥，对于您这么高的年纪来说，是不适合的呀！范纯仁说："我家世代受皇帝的恩惠，现在事情到了这个地步，没有一个人出来讲话。如果皇帝改变主意，那样关系很大。如果不同意，我获罪而死，也没有什么可遗憾的。"

他命令家人打点行装，以待受贬。范纯仁在随州待了近一年的时间，平时他的眼睛就有毛病，此时突然全部失明了。因此上表请求退休，章惇告诫府中的官吏不要把这份奏书送上去，担心范纯仁又要借此机会议论朝政。他最后还说动皇帝，将范纯仁贬谪为武安军副节度

使，在永州安家。贬谪令下来后，范纯仁坦然上路。有人说他是为了一时的好名声，范纯仁听到以后，感叹地说："我年已七十，双目失明，还要遭受被贬万里的苦楚，难道是我所希望的吗？但是我爱护君王的心情实在不能克制，人如果想避开沽名钓誉的嫌疑，那就没有做好事的途径。"每次他的儿子们埋怨章惇时，他都很生气地斥责阻止他们。全家沿着江路赶赴贬所的途中，船翻了，家人扶着范纯仁走出来，全身都湿透了，纯仁对他的儿子们说："难道这也是章惇做的吗？"到永州之后，范纯仁的儿子们听说，韩维少师也被贬到均州，但是他的儿子们告诉章惇说，父亲韩少师在执政的时候，经常与司马光议论政事，但意见多不统一，因而得到了朝廷的赦免，没有成行。于是也想仿效，称父亲也曾不同意司马光的役法，使父亲同样得到赦免，从而能够回到京城。他们就征求父亲的意见。范纯仁说："我是得到司马光的推荐，才得以担任宰相，与他政见不合是事实；但是你们现在说的这番委曲求全的话却是不可取的。与其抱愧而生，不如无愧而死。"于是他的儿子们就打消了这个念头。

【延伸阅读】

范纯仁说"有愧而生，不若无愧而死"，如果有愧的话，他的"愧"会来自哪里呢？事实上，儿子们所说的也是实情，他的确与司马光意见不合，但是这个事实却不能用作赦免自己的理由，因为意见不合，不等于自己否定司马光的人品。史书称"纯仁素与光同志"，而且还因司马光的推荐登上相位。如果卖友求生，则无异于背信弃义；如果要获得赦免的话，意味着自己必须向章惇屈服，而章惇却是自己十分不满的人。如果范纯仁按儿子们的意思去做了，虽然可能会如韩维一样得到赦免，重新回到京城，但是他良心却会受到严酷的拷问，因为这实在是一个重大的原则问题，涉及了所谓的人生大"义"。孟子说："鱼，我所欲也，熊掌亦我所欲也；二者不可得兼，舍鱼而取熊掌者也。生亦我所欲也，义亦我所欲也；二者不可得兼，舍生而取义者也。"（《孟子，告子上》）"义"既然重于"生"，正直如范纯仁当然宁愿舍"生"取"义"。范纯仁始终都是以大义为重的。为挽救正直的官员，犯颜上书，以致遭受贬谪。别人提醒他要自保，但他认为事关重大不能不说，这就是大义。他以在贬之身，再遭贬斥的时候，别人讥讽他是邀名，但他说自己仅仅是出于爱君之心，想做点有益国家的事情，这也是大义。他被一贬再贬，全是因为触犯了权臣章惇，但是他却没有将怨恨算在章惇个人的头上，这还是大义。一个人能坚持一处大义，也就不错了，要做到自始至终都不离义，却是非有极大的魄力和胸怀不可。可是很讽刺的是，许多人不仅自己做不到守义，而且还看不清那些坚守大义的人，因为真正的大义之人，"言不必信，行不必果，唯义所在"。

未尝含怒

【原典】

范忠宣公①安置永州，课②儿孙诵书，躬亲③教督，常至夜分。在永州三年，怡然自得，或④加以横逆，人莫能堪，而公不为动，亦未尝含怒于后也。每对宾客，惟论圣贤修身行己，余及医药方书，他事一语不出口。而气貌益⑤康宁，如在中州⑥时。

【注释】

①范忠宣公：即范纯仁（1027～1101），字尧夫，范仲淹次子，谥忠宣。注见"唯得忠恕"条。永州：位于湖南省西南部潇、湘二水汇合处，古称零陵，雅称潇湘，别称竹城。②课：教书讲学。③躬亲：亲自。④或：有的人。⑤益：更加，越发。⑥中州：河南省的古称。

【译文】

范纯仁流放永州，教儿孙们读书，亲自监督，常常到夜半时分。在永州三年，怡然自得。有的人对他不尊敬，一般人都不能忍受，而范纯仁始终不为此而烦恼，也从不在事后怀恨。每次与宾客交谈，只是谈论圣贤如何修身养性，其余则谈论学医及药书，其他的事从不去说。这样，气色与外表更加安康宁静，像在京城的时候一样。

【延伸阅读】

孔子曾高度赞扬颜回说："贤哉，回也！一箪食，一瓢饮，在陋巷，人不堪其忧，回也不改其乐。贤哉，回也！"（《论语·雍也》）范纯仁屡遭贬谪，面对横逆，不为所动，怡然自得，大体似之。常人是很容易受到情绪感染的，而情绪在很大程度上又是受周围环境控制的。钟嵘就说："若乃春风春鸟，秋月秋蝉，夏云暑雨，冬月祁寒，斯四候之感诸诗者也。"（《诗品序》）人的情绪起落无端，突然而起、突然而去，正在于环境的千变万化、不可预测。人一旦成为环境的俘虏，便会酿成很多的人生悲剧。情绪受限于环境，就意味着情绪的不可控。于是我们就看到生活中的很多人，暴虐无度，喜怒无常，感情用事而至于悔恨不迭；于是我们就看到很多人，偏袒溺爱，爱屋及乌，迁怒于人而至于误人误己。情绪恰如河流，任由它流淌的话，后果将不堪设想。然而情绪之所以失控，正在于个体自主性的缺失。鲁国贵族季康子曾向孔子请教治国的方法，孔子回答说："子为政，焉用杀。子欲善，而民善矣。君子之德风，小人之德草，草上之风，必偃。"（《论语·颜渊》）草之所以随风而动，正在于草的柔弱；情绪之所以不稳定，正在于个体的意志不坚强。假如个体坚强，情绪就能够臣服于主体，在理性的河道中运行了。然而要做到个体的意志坚强，又是谈何容易的事情！颜回之所以能够"不迁怒、不贰过"，因为他是天纵之才；范纯仁之所以能够"不为所动、未尝含怒"，因为他用了一生的时光来修炼，一个年近古稀的老人，看惯了风浪，还有什么能动心的呢！

谢罪敦睦

【原典】

缪肜（róng）[①]少孤，兄弟四人皆同财业，及各娶妻，诸妇分异，又数有斗争之言。肜深怀忿，乃掩户自挝[②]，曰："缪肜，汝修身谨行，学圣人之法，将以齐整风俗，奈何不能正其家乎？"弟及诸妇闻之，悉[③]叩头谢罪，遂更相敦睦[④]。

【注释】

①缪肜（róng）：字豫公，汝南召陵（今河南漯河）人。仕县为主簿，后为太守陇西梁湛决曹史。安帝初，湛病卒官，肜送丧还陇西，并为之起坟安葬，关西咸称传之。辟公府，举尤异，迁中牟令。诛诸奸吏及托名贵戚宾客者百有余人，威名遂行。卒于官。事详见于《后汉书·独行列传·缪肜》。②挝：敲打。③悉：全部。④敦睦：亲善和睦。

【译文】

缪肜从小父母双亡，兄弟四个一直住在一起。等到各自结婚娶妻，妻子之间不和睦，又经常有言语纷争。缪肜很气愤，于是关上门，边打自己边说："缪肜，你修身养性，做事谨慎，学圣人礼法，希望将来能够整顿天下风俗，却怎么连自己的家人都教育不好呢？"兄弟姒娌们听到这些话，都跪下来向他请罪，从此家人和睦相处。

【延伸阅读】

《大学》说："古之欲明明德于天下者，先治其国。欲治其国者，先齐其家。欲齐其家者，先修其身。欲修其身者，先正其心。欲正其心者，先诚其意。欲诚其意者，先致其知。致知在格物。物格而后知至，知至而后意诚，意诚而后心正，心正而后身修，身修而后家齐，家齐而后国治，国治而后天下平。自天子以至于庶人，壹是皆以修身为本，其本乱而末治者否矣。"按儒家的观点，大丈夫立身行事，一路走来无非是"修、齐、治、平"四字，而根本在于"修身"。如果家不齐、国不治、天下不能平，问题全在于修身不足。所以解决问题的出路，就落到了自己本人身上。换句话说，

此时只能求己，而不能责人。孟子就说："爱人不亲，反其仁；治人不治，反其智；礼人不答，反其敬。行有不得者，皆反求诸己，其身正而天下归之。《诗》云：'永言配命，自求多福。'"（《孟子·离娄上》）或许是出于这样的思维，看到自家后院一片混乱，缪彤才会掩户自挞、深自责罚。结果很喜庆，家人受到缪彤人格的感染，从此和睦相处，过上了幸福的生活。修身最终还是释放出了巨大的能量，也再一次证明了圣人所言不虚。类似的故事在我们中国古代的历史上，也经常能见到。商汤桑林祷雨就是其中的名例。"汤之时，大旱七年，洛坼川竭，煎沙烂石，于是使人持三足鼎祝山川，教之祝曰：'政不节邪？使人疾邪？苞苴行邪？谗夫昌邪？宫室营邪？女谒盛邪？何不雨之极也！'盖言未已而天大雨，故天之应人，如影之随形，响之效声者也。"（《说苑·君道》）上述故事的真实性虽然存疑，但主人公在问题出现之后，反躬求诸己的做法，却是很值得后人学习的。

【原典】

虞世南[1]曰："十斗九胜，无一钱利[2]。"

【注释】

①虞世南：字伯施，越州余姚（今浙江余姚）人。唐初政治家、书法家、文学家。隋炀帝时官起居舍人，唐时历任秘书监、弘文馆学士等。唐太宗称他德行、忠直、博学、文词、书翰为五绝。《旧唐书》卷七十六有传。②无一钱利：没有一丝的好处。

【译文】

虞世南说："与人争斗，即便是十次胜利了九次，也是毫无益处可言的。"

【原典】

韩魏公[1]在政府时，极有难处置事，尝言天下事无有尽如意，须是要忍，不然，不可一日处矣。公言^②往日同列二三公不相下，语常至相击。待其气定，每与平^③之，以理使归，于是虽^④胜者亦自然不争也。

【注释】

①韩魏公：韩琦。注见"不形于言"条。②公言：韩魏公说。③平：讨论，评理。④虽：即便。

【译文】

韩琦在官府时，常有很难处理的事情。曾说，世上没有尽如人意的事情，必须要忍让，不然一天也待不下去。他还说过，从前两三个同僚，相互瞧不起，说话相争以至于互相攻击。等到他们气消了，他就上前为他们评理，一切以公事为宗旨。于是，即使获胜的人也不再争了。

【原典】

王沂公^①尝言：吃得三斗酽醋，方做得宰相。盖^②言忍受得事也。

【注释】

①王沂公：王曾（978～1038），字孝先，青州益都（今山东青州）人。宋真宗咸平中取解试、省试、殿试皆第一。中状元后，王曾以将作监丞通判济州。不久，奉诏入京，召试学士院，宰相寇准奇之，特试政事堂，授秘书省著作郎、直史馆、三司户部判官。景德初知制诰，真宗大建玉清昭应宫，王曾力陈五害以劝谏，真宗命王曾判大理寺，迁翰林学士，知审刑院，对其甚为敬重。仁宗景祐元年（1034），为枢密使。二年（1035），拜右仆射兼门下侍郎，平章事，集贤殿大学士，封沂国公。后因不容吕夷简专断，同被罢相，以左仆射，资政殿大学士判郓州，死于任上，享年六十一岁，赠侍中，谥文正。《宋史》卷三百一十有传。②盖：大约，大概。

【译文】

王曾说过，只有能够吃得下三斗味厚的醋，才能够当得了宰相。大概是说要忍受得事情。

【原典】

赵清献公①座右铭：待②则甚壹，任他怎奈何，休理会。人有不及，可以情恕；非意相干③，可以理遣。盛怒中勿答人简④，既形纸笔，溢语⑤难收。

【注释】

①赵清献公：赵抃（1008～1084），字阅道，宋衢州西安（今浙江衢州市）人。景祐元年（1034）进士，任殿中侍御史，弹劾不避权势，时称"铁面御史"。平时以一琴一鹤自随，为政简易，长厚清修，日所为事，夜必衣冠露香以告于天。年四十余，究心宗教。累官至参知政事，以太子少保致仕，卒后谥清献。《宋史》卷三百一十六有传。②待：待人处事。③非意相干：意外的无故冒犯。非意，意料之外。干，冒犯。④简：指书信。⑤溢语：脱离理性的话。

【译文】

赵抃的座右铭：对待别人要言行一致，随便他怎么办，不要去理会。别人有做得不好的地方，要从情义的角度宽恕他，不是有意作对，可以用道理来教育他。人在愤怒之时，不要给人写信，既然形诸文字，就像泼出去的水一样难以收回！

【原典】

程子曰①："愤欲忍与不忍，便见②有德无德。"

【注释】

①程子：程颐（1033～1107），字正叔，洛阳伊川（今河南伊川）

人，人称"伊川先生"，北宋理学家和教育家。为程颢之胞弟。历官汝州团练推官、西京国子监教授。哲宗元祐元年（1086）除秘书省校书郎，授崇政殿说书。与其胞兄程颢共创"洛学"，为理学奠定了基础。《宋史》卷四百二十七有传。②见：显露。

【译文】

程颐说："能不能忍耐愤怒与欲望，便可以判断他有德无德。"

【原典】

张思叔绎诟詈①仆夫，伊川②曰："何不动心忍性③？"思叔惭谢④。

【注释】

①诟詈（gòu lì）：辱骂。②伊川：程颐。③动心忍性：让内心受到震动，使意志变得坚强。语出《孟子·告子下》。④谢：道歉。

【译文】

张绎曾经辱骂家中的仆人，程颐对他说："你为什么不以此来磨砺自己的意志呢？"张绎感到非常惭愧并致以歉意。

【原典】

孙伏伽①拜御史时，先被内旨②而制未出，归卧家，无喜色。顷之③，御史造门④，子弟惊白，伏伽徐⑤起见之。时人称其有量，以比顾雍⑥。

【注释】

①孙伏伽：贝州武城（今河北清河）人。仕隋，以小史累劳补万年县法曹。太宗即位，封乐安县男，迁大理少卿。久之，出为陕州刺史，致仕。显庆三年（658）卒。《新唐书》卷一百一十六有传。②内旨：皇帝的旨意。③顷之：不久。④造门：登门。⑤徐：慢慢。⑥顾

雍（168～243）：字元叹，吴郡吴县（今江苏苏州）人。三国孙吴丞相。

【译文】

孙伏伽被任命为御史的时候，虽然先得到皇帝的任命旨意，但是官方的任命文件还没有发布，他回到家中睡下，脸上并没有显露高兴的神色。不久，御史登门拜访，子弟们很惊讶地向他禀报，孙伏伽才慢慢地起来见客。当时的人都称赞他的度量很大，并将他比作三国时期的孙吴丞相顾雍。

【原典】

白居易①曰："恶言②不出于口，忿言③不反于出。"

【注释】

①白居易（772～846）：字乐天，晚年又号香山居士，祖籍太原（今山西太原），生于河南新郑，唐代伟大的现实主义诗人，中国文学史上负有盛名且影响深远的诗人和文学家。《旧唐书》卷一百七十有传。②恶言：恶毒的言论。③忿言：愤怒的言论。《礼记·祭义》："恶言不出于口，忿言不反于身。"元刻本作"不反于出"，明刻本作"不出于身"。

【译文】

白居易说："恶毒的言论不说出口，就不会招致别人对自己的愤怒攻击。"

【原典】

《吕氏童蒙训》①云："当官处事，务合人情。忠②、恕违道不远，未有舍此二字而能有济③者。前辈当官处事，常思有恩以及人，而以方便为上。如差科④之行，既不能免，即就其闲，求所以便民省力者，不使骚扰重为民害。其益多矣。"

【注释】

①《吕氏童蒙训》：又称《童蒙训》，共三卷，是著名的蒙学经典，宋代吕本中撰。吕本中（1084～1145），原名大中，字居仁，世称东莱先生，宋寿州（今安徽寿县）人。此书以他的曾祖父吕公著、祖父吕希哲、父亲吕好问为主线，凡涉及颂扬其祖辈长处的有关人物的点滴事件及言论都加以汇集，旨在光宗耀祖，并勉励后人。其中不乏真知灼见，值得后人借鉴。此外还保留了不少史书失传的资料，可供研究者使用。②忠：己欲立而立人，己欲达而达人。③济：成功。④差科：指差役和赋税。

【译文】

《吕氏童蒙训》说："当官处事，一定要符合人情。忠、恕与道德接近，没有放弃忠、恕两字而能做成事情的。祖上的前辈当官做事的时候，往往考虑使别人受到恩惠，而以给人带来方便为上。例如派差收租，这事既然不能避免，那就尽量趁着人们空闲的时候去办，力求使老百姓方便省力，不要频繁骚扰百姓，以至于加重他们的负担。这样做的好处很多。"

【原典】

张无垢①云："快意事②孰不喜为？往往事过不能无悔者。于他人有甚不快存焉，岂得③不动于心？君子所以隐忍④详复，不敢轻易者，以彼此两得也。"

【注释】

①张无垢：张九成（1092～1159），字子韶，号无垢，又号横浦居士。祖籍河南开封，迁居盐官。南宋绍兴二年（1132）殿试策士，选为状元。授镇东签判。因与上司意见不合，弃官归乡讲学。后应召

为太常博士，历任宗正少卿、侍讲、权礼部侍郎兼刑部侍郎。主张抗金，为秦桧所忌，谪守邵州，后又遭革职，流放大庾岭下十四年。秦桧死，重新起用，出知温州。因直言上疏，不纳，辞归故里，不久病卒。后追赠太师，封崇国公，谥文忠。②快意事：痛快的事情。③岂得：怎么能。④隐忍：忍耐克制。

【译文】

张无垢说："痛快的事情谁不喜欢做呢？但是事情过去以后自己往往后悔不迭。一个人如果对别人存有不愉快的话，怎么可能心里会没有反应呢？君子之所以再三容忍、反复考虑，不敢轻意发作，就是因为这样做，可以让双方都能够得到好处。"

【原典】

或①问张无垢："仓卒中、患难中处事不乱，是其才耶？是其识耶？"先生曰："未必才识了得，必其胸中器局②不凡，素③有定力。不然，恐胸中先乱，何以临事？古人平日欲涵养器局者，此也。"

【注释】

①或：有人。②器局：气度。③素：向来。

【译文】

有人问张无垢："仓促之中和处在危难之时，却能有条不紊地处理事情，这是才能呢？还是胆识呢？"张无垢回答说："这恐怕不是才能和胆识所能做到的。一定是他气量过人，一向就有镇定从容的素质。否则的话，恐怕自己心中先乱了，怎么还能处理事情呢？古代的人讲求在平时培养自己的度量与情操，就是这个道理。"

【原典】

苏子①曰："高帝②之所以胜，项籍③之所以败，在能忍与不能忍之间而已。项籍不能忍，是以百战百胜而轻用其锋④；高祖忍之，养其全锋⑤而待其弊。"

【注释】

①苏子：苏轼（1037～1101），北宋文学家、书画家。字子瞻，号东坡居士。眉州眉山（今属四川）人。一生仕途坎坷，学识渊博，天资极高，诗文书画皆精。建中靖国元年（1101），卒于常州，年六十六。高宗即位，赠资政殿学士。又以其文置左右，读之终日忘倦。遂崇赠太师，谥文忠。《宋史》卷三百三十八有传。本文出自苏轼《留侯论》。②高帝：刘邦（前256～前195），字季，沛郡丰邑中阳里（今江苏丰县）人。西汉王朝的开国皇帝。谥号高皇帝。事详《史记·高祖本纪》。③项籍：项羽（前232～前202），名籍，字羽，秦下相（今江苏宿迁西南）人。项羽是楚国名将项燕之孙。秦二世元年从叔父项梁在吴中起义，项梁阵亡后他率军摧毁秦军主力。秦亡后称西楚霸王，实行分封制，封灭秦功臣及六国贵族为王。后与刘邦争夺天下，进行四年的楚汉战争，公元前202年兵败自杀，年仅30岁。事详司马

迁《史记·项羽本纪》。④轻用其锋：轻率地使用他的锋芒。⑤养其全锋：养精蓄锐。

【译文】

苏轼说："汉高祖刘邦之所以胜利，项羽之所以失败，其区别就在于刘邦能忍而项羽不能忍。项羽不能忍耐，所以百战百胜以后而轻率地使用他的锋芒；刘邦能忍耐，所以他养精蓄锐，磨砺锋芒，等待着项羽的弊败出现。"

【原典】

孝友先生朱仁轨①：隐居养亲②，常诲子弟曰："终身让路，不枉③百步；终身让畔④，不失一段。"

【注释】

①朱仁轨：字德容，唐代人，终生未仕，隐居养亲，死后人私谥孝友先生。②养亲：侍奉父母。③不枉：不过是冤枉。④让畔：给别人让地界。

【译文】

孝友先生朱仁轨：隐居乡下，侍奉父母，他常常教育子弟们说："一生都给别人让路，也就不过冤枉了几百步路；一辈子给别人让地界，也不会损失一块地。"

【原典】

吴凑①：僚史②非大过不榜责，召至廷诘，厚去之③。其下传相训勉④，举无稽事。

【注释】

①吴凑：唐章敬皇后之弟，濮州濮阳（今河南濮阳）人。宝历中与兄溆同日开府，授太子詹事，俱封濮阳郡公。累转左金吾卫大将

军。凑为人小心谨慎，智识周敏，特承顾问，偏见委信。贞元十六年（800）卒，时年七十一，赠尚书左仆射。《旧唐书》卷一百八十七有传。②僚史：属下官员。③厚去之：赠予厚礼辞退。④训勉：训诫勉励。

【译文】

吴凑：下属没有大过错，从不张榜斥责。将僚属召到厅堂上追问明白，然后送给他一笔厚礼，让他离开。他的下属都互相训诫勉励，再没有违法的行为。

【原典】

《韩魏公语录》①曰："欲成大节②，不免小忍③。"

【注释】

①《韩魏公语录》：当为韩琦言论之辑录，关于其内容，四库总目提要云：韩魏公别录三卷。……《书录解题》载有《语录》一卷，亦称"与《别录》小异而实同。《别录》分四卷，而此总为一篇"。皆与此本三卷不合。其为何时所并，不可考矣。②大节：高尚的节操。③小忍：在小事情上忍让。

【译文】

《韩魏公语录》说："想培养成自己高尚的节操，就要在小事上忍让。"

【原典】

《和靖语录》①：人有忿争者，和靖尹公曰②："莫大之祸，起于须臾③之不忍，不可不谨。"

【注释】

①《和靖语录》：编著者不详，大体为记录宋人尹焞（赐号和靖处士）生平言行之书。②和靖尹公：尹和靖，即尹焞（1071～1142），

字彦明，一字德充，洛（今河南洛阳）人。靖康初召至京师，不欲留，赐号和靖处士。绍兴四年（1134）授左宣教郎，充崇政殿说书。八年（1138）权礼部侍郎，兼侍讲。《宋史》卷四百二十八有传。③须臾：片刻。

【译文】

《和靖语录》："人们有愤怒相争时，尹焞说：'弥天的大祸，缘于一时的不能忍让，不可以不谨慎呀！'"

【原典】

省心子①曰："屈己者能处众②。"

【注释】

①省心子：李邦献，字士举，怀州（今河南沁阳）人。南宋高宗绍兴三年（1133）为夔州路安抚司干办公事，四年（1134）通判长宁军，二十六年（1156）知抚州，迁荆湖南路转运判官，两浙、江西转运副使，孝宗乾道二年（1166）夔州路提点刑狱，六年（1170）兴元路提点刑狱。官至直敷文阁。著有《省心杂言》，《永乐大典》具载此书，共二百余条。此文当出于此书。②屈己：能够委屈自己的人。处众：与众人相处融洽。

【译文】

省心子说："能够委屈自己的人，就能与其他人相处融洽。"

【原典】

《童蒙训》①："当官以忍为先，忍之一字，众妙之门②，当官处事，尤是先务③。若能清勤④之外，更行一忍，何事不办？"

【注释】

①《童蒙训》：《吕氏童蒙训》，见前文注。②众妙之门：一切微

妙的总门。语出《老子》第一章。③先务：首要的事务。④清勤：清廉勤勉。

【译文】

《童蒙训》："当官应该忍字当头。一个'忍'字，是一切好处的关键所在，当官处理事情，首先就是要重视'忍'。如果在保持廉洁勤勉之外又能忍让，那么什么事情办不成呢？"

【原典】

当官不能自忍必败①。当官处事，不与人争利者，常得利多；退一步者，常进百步。取之廉者，得之常过其初②；约③于今者，必有重报于后。不可不思也。惟不能少④自忍者，必败，此实知利害之分、贤愚之别也。

【注释】

①"当官"句：语出《吕氏童蒙训》。自忍，自我忍耐。败，失败，出问题。②常过其初：往往超过他最开始得到的数量。③约：克制。④少：稍。

【译文】

当官不能自我忍耐，一定会失败。做官的人处理事情，不与别人争夺利益，得到的利益常更多；能够首先退一步的，往往能进一百步。不求多得，所得利益，往往超过当初所想要的；现在克制的人，将来必然会获得丰厚的回报。这些事情我们不能不认真考虑啊！只有那些不能自我忍耐的人，一定会失败，这实际上是不知道好处弊端的差异和聪明愚笨的区别呀！

【原典】

戒暴怒①。当官者先以暴怒为戒，事有不可，当详处之，必无不中^②。若先暴怒，只能自害，岂能害人？前辈尝言：凡事只怕待。待者，详处之谓也。盖详处之，则思虑自出，人不能中伤。

【注释】

①戒暴怒：语出《吕氏童蒙训》。②中：得当。

【译文】

戒除暴怒。当官的人，首先应当戒除暴怒。事情不能办的时候，应当慎重周详地处理，没有处理不好的。如果首先就发怒，只能害了自己，怎么会害到别人呢？前辈曾经说过：处理任何事时，只怕一个"待"字。待，指的就是延迟事情以便慎重周详地处理。如果能够周详慎重地处理，就一定能想出合适的办法，别人也就不能陷害中伤你了。

【原典】

《师友杂记》^①云："或问荥阳公^②，为小人所詈辱^③，当何以处之？"公曰："上焉者，知人与己本一^④，何者为詈，何者为辱？自然无忿怒心。下焉者，且自思曰：我是何等人，彼为何等人？若是答他，却与他一等也。以此自处，忿心亦自消也。"

【注释】

①《师友杂记》：该书作者李廌（1059～1109），字方叔，号德隅斋，又号齐南先生、太华逸民。华州（今陕西华县）人。六岁而孤，能发奋自学。少以文为苏轼所知，誉之为有"万人敌"之才。由此成为"苏门六君子"之一。中年应举落第，绝意仕进，定居长社（今河南长葛），直至去世。所著《师友杂记》一卷，记载了苏轼、黄庭坚、秦观等人关于治学为文的言论，为研究宋代文学史提供了重要的资料。吕本中《吕氏童蒙训》卷中亦录有此事。②荥阳公：吕希哲，吕本中的祖父。吕希哲（1036～1114），字原明，学者称之为荥阳先生。太学出身，以荫入官。王安石劝其勿事科举，侥幸利禄，遂绝意进取。

父吕公著殁，始为兵部员外郎。因范祖禹荐，哲宗召为崇政殿说书。擢右司谏，御史论其进不由科第，以秘阁校理知怀州，谪居和州。徽宗初，召为秘书少监，或以为太峻，改光禄少卿。希哲力请外，以直秘阁知曹州。旋遭崇宁党祸，夺职知相州，徙邢州。罢为宫祠。羁寓淮、泗间，十余年卒。希哲乐易简俭，有至行，晚年名益重，远近皆师尊之。《宋史》卷三百三十六有传。③詈（lì）辱：詈骂、侮辱。④本一：本质上都是一样的。

【译文】

《师友杂记》载：有人问荥阳公："被小人流言责骂侮辱，应当怎么处理呢？"他说："上策是，明白别人与自己本来都是人，什么叫骂，什么叫辱？自然就没有愤怒的心情了。下策是，自己想一想，我是什么人，他是什么人，如果要回应他，那不就成了他一类人吗？用这个办法来克制自己，气愤之心也就可以消除了。"

【原典】

唐充之云[1]："前辈说后生不能忍诟[2]，不足为人；闻人密论不能容受而轻泄之，不足以为人。"

【注释】

①唐充之：唐广仁，字充之，北宋河南内黄（今河南内黄）人。进士及第，官乾宁司法参军，后改任常州。善断疑狱。此事出《吕氏童蒙训》卷中。②忍诟：容忍屈辱。

【译文】

唐充之说："前辈人认为年轻人不能忍辱负重，就不能成为完善的人；听到别人私下交谈而不能容忍和保密而轻易泄露给别人，也不能称之为完善的人。"

【原典】

《袁氏世范》[①]曰："人言'居家久和者，本于能忍'。然知忍而不知处忍之道，其失尤多。盖忍或有藏蓄之意，人之犯我，藏蓄而不发，不过一再而已。积之既多，其发也如洪流之决，不可遏矣。不若随而解之，不置胸次[②]，曰此其不思尔，曰此其无知尔，曰此其失误尔，曰此其所见者小耳，曰此其利害宁几何？不使之入于吾心。虽日犯我者十数，亦不至形于言而见于色，然后见忍之功效为甚大。此所谓善处忍者。"

【注释】

①《袁氏世范》：是中国家训史上与《颜氏家训》相提并论的一部家训著作，作者为南宋学者袁采。袁采，生年不详，卒于 1195 年，字君载，信安（今浙江常山）人。《衢州府志》称其："登进士第，三宰剧邑，以廉明刚直称。"著有《政和杂志》《县令小录》《袁氏世范》三书，今只有《袁氏世范》传世。生平事迹不可考。此文出上卷"人贵能处忍"条。②胸次：心里。

【译文】

《袁氏世范》说："人们常说'家庭能够长久和睦的，其根本做法就是能够做到容忍'。但是只知道忍却不知道怎样去忍，其失误就更多。容忍有隐藏积累的意思，别人触犯我，我就把愤怒掩藏起来，这样做只不过能够躲过一两次而已。如果积累的愤怒很多，那么一旦暴发起来，就像洪水决堤一样不可阻挡了。这样的话，还不如随时将怨恨消解，不让它们留在心中。可以说这人是无心的啦，说这个人无知啊，说这大概是他弄错了，说他只看到小利，说这有多大利害关系呢？不把那个人放在自己的心中，即使他一天冒犯我几十次，我也不会在言语上表现出气愤，在神色间流露出不快，这样忍的效果才明显。这就是所说的善于忍耐。"

【延伸阅读】

孔子要求儿子伯鱼学好《诗经》，他说："汝为《周南》《召南》矣乎？人而不为《周南》《召南》，其犹正墙面而立也与？"意思就是说，《周南》《召南》是人生人世的必经门径，舍此就如同面墙而立，无路可走。人人都知道"忍"的好处，但是苦于无路可进，或者是有路却不得法，恰如袁采说的"人言居家久和者，本于能忍，然知忍而不知忍之道，其失尤多"（《袁氏世范》）。那么如何做才能进入"忍"的朝彻之境，真正享受到"忍"的利好呢？孙武说："凡用兵之法，全国为上，破国次之；全军为上，破军次之；全旅为上，破旅次之；全卒为上，破卒次之；全伍为上，破伍次之。是故百战百胜，非善之善者也；不战而屈人之兵，善之善者也。"（《孙子兵法·谋攻篇》）打仗能够区分层次，修忍也可以判别高低。最高明的，当属于那些天纵大器的人。他们"胸中器局不凡，素有定力"，所以能够"仓促中、患难中处事不乱"。程颐说："愤欲忍与不忍，便见有德无德。"这些有德之人，正是孔子所说的"生而知之"的大器之人。不过这样的人毕竟很少，绝大部分是"掌而知之"。如何学忍？无非忠恕。若能变换立场，设身处地的替人着想，很多问题就会涣然冰释。《吕氏童蒙训》云："当官处事，务合人情。忠恕违道不远，未有舍此二字而能有济者。""务合人情"就是忠恕之道，就是"换我心为你心，始知相忆深"的通情达理。友善的，诸如"曰此其不思尔，曰此其无知尔，曰此其失误尔，曰此所见者小耳，曰此其利害宁几何"；决断的，诸如"上焉者，知人与己本一，何者为詈，何者为辱。自然无愤怒心。下焉者，且自思曰：我是何等人，彼为何等人，若是答他，却与他一等也。"如此忠恕走去，也可臻于"忍"境。最下，或者最简捷的做法，便是延宕或谓拖延，也就古人所谓的"待"。遇事之时，不立即处理，待冷静之后，思虑自出。赵抃的座右铭正是："待则甚壹，任他怎奈何，休理会。"

处家贵宽容①

【原典】

自古人伦贤否②相杂，或父子不能皆贤，或兄弟不能皆令③，或夫流荡，或妻悍暴，少有一家之中无此患者，虽圣贤亦无如之何。譬如身有疮痍疣赘④，虽甚可恶，不可决去，惟当宽怀处之。若人能知此理，则胸中泰然⑤矣。古人所谓父子、兄弟、夫妇、之间，人所难言者，如此。

【注释】

①处家贵宽容：事详《袁氏世范》，上卷"处家贵宽容"条。②贤否：好坏。③令：美好。④疣赘（yóu zhuì）：皮肤上生的瘊子。⑤泰然：心情安定。

【译文】

自古以来，人类就是贤人和愚人混杂在一起的，有的父亲和儿子不能都成为好人，有的兄弟不能都成为人才，有的家庭是丈夫在外游荡，有的家庭则是妻子凶悍，很少有哪一家中没有上述毛病的。即使是圣贤之人，碰到这些问题也无可奈何。这就如同身上长了疮疣，虽然十分可恶，却不能剐掉，只有放宽心思罢了。如果人们能够懂得这层道理，那么胸中就坦然了。这就是古人通常所说的，父子、兄弟、夫妇之间，人们难以说清的事。

【延伸阅读】

人生世间，从大处讲，无非社会和家庭两个战场，前者对外，后者属内。古人云："人生不如意之事，十居八九。"这不如意的事情，一半来自社会，另一半或许就是因为家庭。家庭虽然不大，几间房子，几个人，但却是个体活动时间最长的地方，在这个狭小的空间中，极少数人密切交往，难免生出各种情感，喜怒哀乐、悲欢离合都寻常可见。虽然每个人、每个家庭都渴望幸福和谐，但现实生活往往给出相反的结果。列夫·托尔斯泰在《安娜·卡列尼娜》中说："幸福的家庭都是相似的，不幸的家庭各有各的不幸。"不幸的家庭，或是父子相悖，或是兄弟反目，或是夫妻不宁，诸如此类，不一而足。即便是古代的圣贤也难免此累。比如尧生了逆子丹朱；舜的父亲昏聩，弟弟暴虐；大禹的父亲鲧，据说也不得善终；贤德如周武王，却有两个叛乱的兄弟等。可见世间的事情，真如苏轼所说的"人有悲欢离合，月有阴晴圆缺，此事古难全"，家庭的事情，大抵也是如此。既然这些情况是必然的，也是客观存在的，也就应该淡然处之。我们应当意识到，这样的问题，并非只有自己身上存在、自己家中出现，而是十分普遍的，既然普遍也就意味着普通，正所谓"家家都有一本难念的经"。当然如果仅仅停留在"宽容"的阶段，未免显得消极，因为事情或许不会恶化，但也不见得能改善。所以理想的做法，或许是在此基础上还能有所作为。传说中的舜的做法，不妨视为一个理想的标本："汝闻瞽叟有子名曰舜？舜之事父也，索而使之，未尝不在侧，求而杀之，未尝可得，小棰则待，大棰则走，以逃暴怒也。"（《说苑·建本》）据说孔子十分欣赏。

忧患当明理顺受^①

【原典】

人生世间，自有知识^②以来，即有忧患不如意事。小儿叫号，皆其意有不平。自幼至少，自壮至老，如意之事常少，不如意之事常多。虽大富贵之人，天下之所仰羡以为神仙，而其不如意处，各自有之，与贫贱人无异，特^③所忧虑之事异耳，故谓之缺陷世界。以人生世间无足心满意者，能达此理而顺受之，则可少^④安矣。

【注释】

①忧患当明理顺受：事详《袁氏世范》中卷。原题为"忧患顺受则少安"。②知识：指辨识事物的能力。③特：只不过。④少：同"稍"，稍微。

【译文】

人自打出生来到人世，只要有了意识智慧，就有了忧虑和不如意的事情。小孩叫嚣哭喊，就是因为感到不如意。从幼年到少年，从壮年到老年，如意的事情总是很少，不如意的事情总是很多。即使是大富大贵之人，天下人仰慕他们，像对待神仙一样，可是不如意的事一样有，与贫贱的人没有什么两样，只不过所忧虑的事情不同罢了，所以说世界本就是有缺陷的。人生在世不可能事事心满意足，如果能够理解这个道理，并能坦然接受，那么就可以心安了。

【延伸阅读】

"这是一个最好的时代，这是一个最坏的时代；这是一个讲信用的时代，又是一个欺骗的时代；这是一个光明的时代，又是一个黑暗的时代。"若干年前狄更斯在《双城记》中说的一段话，至今仍然能引发巨大的共鸣，可见人们对于世界乃至于自身，实在是充满着爱恨交织的复杂心情。这个世界是美好的，"面朝大海，春暖花开"，充满了诗意；这个世界又是残酷的，"阴风怒号，浊浪排空"，弥漫着雾霾。在中国人的观念中，万事都是好坏二分的，正如钱币的两面，相辅相成。"满招损，谦受益。"（《尚书·大禹谟》）"福兮祸之所伏，祸兮福之所倚。"（《老子》）所谓缺陷的世界，好中有坏，坏中有好，不存在完美无缺的东西。现实大抵就是如此，现状大抵也是如此。在一个原本就不完美的世界中，硬是要去追寻完美的话，必然是徒劳无功的悲剧。达观的人能够看淡，而拘谨的人却放不开，所以前者知足常乐，后者总是郁郁寡欢。"大肚能容容天下难容之事，开口便笑笑世间可笑之人。"这是北京潭柘寺的弥勒佛两边的楹联。佛之为佛，在于佛跳出了凡俗的人世，从一种至高的角度，俯视芸芸众生。佛的超脱很大程度上是因为拥有极为宏大的参照系，而凡人的渺小正在于始终跳不出狭小的名利场。所以借佛道劝世，无非是教人变换思考的坐标，从新的角度来审视自己，以便幡然醒悟。很多佛道度人的故事，都是这样的模式。不过看淡世事固然好，若一旦看破红尘，想必不是很多人的初衷。处在缺陷的世界，我们该何去何从？孔子说："舜其大知也与！舜好问而好察迩言，隐恶而扬善。执其两端，用其中于民，其斯以为舜乎！"（《中庸》）

同居相处贵宽①

【原典】

同居之人有不贤者，非理以相扰，若间或②一再，尚可与辩；至于百无一是，且朝夕以此相临，极为难处。同乡及同官，亦或③有此。当宽其怀抱，以无可奈何处之。

【注释】

①同居相处贵宽：事详《袁氏世范》上卷。原题为"同居相处贵受"。②间或：偶尔。③或：或许。

【译文】

在一起居住的人中有人品不佳的，他无缘无故地找自己的麻烦，如果只是偶尔一两次，还可以与他讲道理；如果他完全是无理取闹、蛮不讲理，而且天天用这样的方式来对待自己，实在是十分难相处的。无论是同乡还是同僚，都或许存在这样的情况。碰到这样的人，只能放宽胸怀，不与他们计较，用一种没有办法的解决态度去对待他们。

【延伸阅读】

如果能选择的话，想必所有人都会选择好的、美的，所谓"爱美之心人皆有之"，无论是事业还是家庭。所以网上经常曝出新闻说，某富少要招女友，于是一大批佳丽蜂拥而至。大抵所有的男人都爱白富美，所有的女人大体都偏爱高富帅，人性使然也无可厚非。几年前一选手在某著名选秀节目中表白自己的愿望，"宁可坐在宝马里面哭，也不愿意坐在自行车后面笑"，话虽直白露骨，但也说出了很多人的真实心理。不过很多时候，人们是没有选择的，如果能选择的话，为什么不可以坐在宝马里面笑呢？南朝时期有一个笑话，讲的是几个人在一起聚餐聊天，谈到各自的人生理想："有客相从，各言所志：或愿为扬州刺史，或愿多资财，或愿骑鹤上升。其一人曰'腰缠十万贯，骑鹤下扬州'，欲兼三者。"（《殷芸小说》）不过天底下哪有这样的好事，更多的恐怕是二者不可得兼，或者是求一且不可得。家庭如此，事业何尝不然呢。同事之间，自然希望和睦相处，一旦存在利益纠纷，往往会反目成仇。当然事情的发生，很多时候是双方的问题，正如俗话所说的"一个巴掌拍不响"，但也的确存在不少喜欢惹是生非的人。对于这样的人，如果不可理喻的话，就应当避免接触，以减少冲突。如果硬要抱着不可为而为之的态度，事情往往适得其反，于人于己落得个两败俱伤。所以袁采建议说"当宽其怀抱，以无可奈何处之"。"知不可奈何而安之若命，唯有德者能之。"（《庄子·德充符》）庄子的话与之类似，但更彻底。他视其为生命中的一部分，正如"生死之命"一样。既然是人生必然要经历的，也就不必计较了；既然好过、难过都是过，何不大度一点放宽心呢！

亲戚不可失欢^①

【原典】

骨肉之失欢，有本于至微，而终至于不可解者；有能先下气^②，则彼此酬复^③，遂如平时矣。宜深思之。

【注释】

①亲戚不可失欢：事详《袁氏世范》上卷。②下气：说话和态度卑下恭顺。③酬复：应答，对答。

【译文】

亲戚之间关系交恶，有时候原本是由一些琐细小事引起的，最后却怨恨转深，以至于不可调和；但是也有一些家庭，只不过因为一方主动放低姿态，就使得双方重新交往，和好如初。对此，应该好好思考，引以为戒。

【延伸阅读】

有一天，孔子在路上碰见皋鱼在路边哭泣，就下车询问情况，皋鱼回答说："吾失之三矣：少而学，游诸侯，以后吾亲，失之一也；高尚吾志，间吾事君，失之二也；与友厚而小绝之，失之三矣。树欲静而风不止，子欲养而亲不待也。往而不可得见者，亲也。吾请从此辞矣。"说完这番话，就闭目离世了。孔子门下的弟子，受此影响而辞行回家赡养双亲的，就有十分之三。（《韩诗外传》卷九）然而亲情的珍贵，不是所有人都能意识到；有的人虽能意识到，但却为时很晚；有的人虽能意识到，但却做不到。能意识到，即便很晚也是可喜的，如果连意识都无的话，难免会被人责以无情。毕竟人之所以为人，正在于情感，而尤以骨肉亲情最重。骨肉之所以亲，在于他们关系的特殊性。父母之于子女，兄弟之于姐妹，彼此之间存在着血缘的纽带，这层生理上的特殊关系，被古人视为命定的伦理，具有先天的优越性，而无须论证。儒家的论述中，都是在强调这种关系，最为人们所熟知的就是"孝"。尽管如此，现实生活中，骨肉睽隔的例子仍然很多。有些时候，彼此之间并无深仇大恨，仅仅因为一些小事，最后却变得形同陌路。郑庄公一家就是如此。

他妈妈因为生他的时候，受到了惊吓，于是一直就对他看不顺眼，以至于想方设法帮助小儿子夺权，最后功败垂成，自己被冷落，儿子在外逃亡，一家人四分五裂。家庭的变故，也让郑庄公很后悔，在臣子的斡旋之下，通过一些方法，主动求和，最后母子和好如初。(《左传·隐公元年》)郑伯的故事，告诉我们家庭之间本无大事，但是小事情也会演变成大问题；如果一方能够放低姿态主动和解的话，即便是再深的感情鸿沟也是能够轻松跨越的。毕竟血还是浓于水的！

待婢仆当宽恕^①

【原典】

奴仆小人^②就役于人者，天资多愚，宜宽以处之，多其教诲，省^③其嗔怒可也。

【注释】

①待婢仆当宽恕：事详《袁氏世范》下卷。②小人：平民百姓。③省：减少。

【译文】

那些屈身在别人家做奴仆的人，天资大都不高，所以对他们应该宽厚仁爱，多对他们进行教诲，少对他们发怒指责。

【延伸阅读】

说奴仆天资不高，当然带有很明显的阶级歧视，从现在的观念来看，非但不会被人接受，可能还会引发法律官司。但是在封建时代，官方士大夫阶层，对于老百姓的印象本就是如此。即便是万世师表的孔老夫子也说过，"民可使由之，不可使知之。"（《论语·泰伯》）所以愚民政策，既有官方的狡黠，也同样有官方的偏见。民之不愚，可以找到很多例证。今人姑且不论，古代也不乏重民的人，但是不多见，也不彻底。孟子一方面说："舜发于畎亩之中，傅说举于版筑之间，胶鬲举于鱼盐之中，管夷吾举于士，孙叔敖举于海，百里奚举于市。"

（《孟子·告子下》）另一方面却又说："或劳心，或劳力。劳心者治人，劳力者治于人；治于人者食人，治人者食于人。天下之通义也。"（《孟子·滕文公上》）东方如此，西方亦然。古希腊伟大的诗人荷马也说过类似的话："当一个人成为奴隶的时候，他的美德就失去了一半。"阿诺德补充说："当他想摆脱这种奴隶状态的时候，他又失去了另一半美德。"所以"愚民"，不妨视为古代贵族们的共识。当然百姓的"愚"，很多时候不过是生活环境所限，不懂得上层社会的礼仪规范罢了。《红楼梦》中的刘姥姥进大观园，闹得笑料百出，正是缘于此。然而这个老人家何尝愚呢，她的"愚"才是不可及的。所以袁采说奴仆"天资多愚"，充满着傲慢与偏见，观点之错误显而易见；但据此主张降低对他们的要求，则是恰当的，因为他们没有类似贵族们的训练进修机会。拿破仑有句名言："不想当将军的士兵不是好士兵。"此话固然能够提升士气，但是士兵与将军毕竟身份悬殊，我们不能以将军的标准去要求士兵，更不能以将军的责任去衡量士兵。奴仆不过是操持杂物之人，当然不能衡之以士绅标准。然而很多时候，人们往往会故意忘掉这层差别。在不该一视同仁的地方，反而要求一致，于是便产生了很多强人所难的事。相比较之下，袁采算是个清醒的人，他懂得"看菜吃饭，量体裁衣"。

事贵能忍耐①

【原典】

人能忍事，易以习熟，终至于人以非理相加不可忍者，亦处之如常。不能忍事，亦易以习熟，终至于睚眦之怨②，深不足较者，亦至交詈③争讼，期以取胜而后已，不知其所失甚多。人能有定见，不为客气④所使，则身心岂不大安宁？

《萧朝散家法》⑤曰："常持忍字免灾殃。"

【注释】

①事贵能忍耐：事详《袁氏世范》中卷。原题为"人能忍事则无争心"。②睚眦之怨：极小的怨恨。③交詈：互相责骂。④客气：一时的意气。⑤《萧朝散家法》：不详。

【译文】

人如果平时就能够容忍事情，容易习惯成自然，最后当别人对自己无理取闹，尽管这样的情况在他人是不可容忍的时候，自己也能处之泰然。如果平时就不能容忍事情，也容易习惯成自然，最后遇到即便是鸡毛蒜皮的小事，在他人看来其实毫不值得计较的时候，也会怒骂争执，一定要争个胜利才罢休，但是却没有意识到，自己这样做，其实损失的更多。人如果内心有主见，不会因为一时的意气所驱使，这样身心岂不就都会觉得十分安宁了吗？

《萧朝散家法》说："为人处世坚持'忍'字当先，就能祛灾免祸。"

【延伸阅读】

一些人在某些场合总会做出同样的反应，这就是习惯使然。因为习惯养成之后，只要出现相似的环境，类似的动作就会重演，几乎是不假思索便会自然做出。习惯会对个人产生巨大的影响，好习惯会事半功倍，而坏习惯则会好事变黄。习惯虽然重要，却不难养成，即便是好的习惯；但是习惯一旦养成，再要改变却极其不易。正如抽烟酗酒，一旦上瘾，就很难脱身了。或许正是因为习惯的上述特征，所以袁采就特别建议人们，一定要养成好的习惯，以便能轻松处理生活中的困难事。这的确是智者之言。然而问题在于，对很多人来说，习惯已经养成了。拥有好习惯固然值得庆幸，如果不幸的是坏习惯已养成，又该如何是好？大部分人都知道，遇事要忍耐冷静，但是事情发生之后，依然会重蹈覆辙。习惯让他在类似的环境中，一次次的做出相同的反应，然后一次次的懊恼后悔。在这样的情况下，他首先应当去做的就是革除恶习，然而这却是内心非有超强的主见不能胜任的。很多人之所以依然故我，就是因为不能坚持。但是一旦渡过了这层难关，呈现在自己面前的就是另外一番景象。道理人人能懂，但是执行却殊不易。因为很多时候，那些摆脱不了坏习惯的人，缺乏的恰恰是主见。因此袁采的建议，似乎又回到了原点。因为问题的关键还在于个体的修养，一个内心有主见的人，自然不会被外界干扰，而能够做到心安理得。反之亦然。不过故事也提醒人们，在培养习惯的时候，要十分慎重，因为一旦种子播下，就会收获相应的结果，有的会收获喜悦，有的会收获眼泪。

王龙舒劝诫①

【原典】

喜怒、好恶、嗜欲②，皆情也。养情为恶，纵情为贼，折情③为善，灭情为圣。甘其饮食，美其衣服，大其居处，若此之类，是谓养情；饮食若流，衣服尽饰，居处无厌④，是谓纵情。犯之不校，触之不怒，伤之不忍，过事堪喜，是谓折情。

【注释】

①王龙舒：王日休，字虚中，庐州（今安徽合肥）人，为学博通经文，性格端静简洁。南宋高宗时，举国学进士，弃官不就，在家训传六经及诸子之书数十万言。一日忽尽捐前学，说："以往皆是业习，非究竟法，吾将归向西方。"自此后精进念佛，撰有《龙舒净土文》，劝导所有的人，都应归依净土法门。其文深入浅出，至详至恳，因而广行世间。此文详《龙舒增广净土文》卷第十，节选有缺。原文为："喜怒好恶嗜欲皆情也。养情为恶。纵情为贼。折情为善。灭情为圣。甘其饮食。美其衣服。大其居处。若此之类是谓养情。饮食若流。衣服尽饰。居处无厌。若此之类是谓纵情。犯之不校。触之不怒。伤之不怨。是谓折情。犯之触之伤之。如空反生怜悯愚痴之心是谓灭情。悟此理则心地常净。如在净土矣。"②嗜（shì）欲：感官上的追求享受。③折情：压抑情感。④无厌：不满足。

【译文】

开心、生气、喜欢、厌恶、爱好、欲求，都是因为情感而产生的。所以培养情感是作恶，放纵情感是为贼，约束情感是向善，祛除情感是成圣。享用精美的饮食，穿着华丽的衣服，居住宽大的房舍，诸如此类，都是培养情感的行为；饮食务求豪奢，衣服追求华贵，房屋不厌宽大，诸如此类，都是放纵情感的行为；别人触犯自己不计较，冲撞自己不生气，伤害自己不报仇，指出自己的过错很开心，诸如此类，都是约束情感的行为。

【延伸阅读】

金代大诗人元好问，有一次在路上遇见了几个捕捉大雁的人，聊天的时候说起一桩奇事。捕雁者说："今旦获一雁，杀之矣。其脱网者悲鸣不能去，竟自投于地而死。"元好问听完后十分感动，就买下了这对大雁，安葬了它们，累石头成丘，名叫"雁丘"，还为它们填了一首词。这就是著名的《雁丘词》。词云："问世间，情是何物，直教生死相许？"雁尚如此，人何以堪！既生人世间，就必然与人交往，有人就必定有情，如何可以灭情呢？魏晋名士王戎的儿子死了，山简去看望他，王戎悲不自胜。山简说："孩抱中物，何至于此？"王戎回答说："圣人忘情，最下不及情。情之所钟，正在我辈。"（《世说新语·伤逝》）王龙舒晚来弃儒皈佛，所以劝诫中也完全是佛教的思想，万物皆空，何来人情？所以他以"灭情为圣"。其实佛门也并非真无情，只不过是没有私人的情感罢了。相传禅宗的两位才俊曾先后作偈语，神秀说："身如菩提树，心如明镜台。时时勤拂拭，莫时惹尘埃。"慧能说："菩提本非树，明镜亦非台。本来无一物，何处惹尘埃。"神秀心中还不时有情丝萦绕，而慧能则已经是一片澄明之境。身在佛门，才高若此，情也难断，何况辗转于红尘的我辈凡众呢？吴亮大抵也是红尘中的人，所以他没有全盘照搬王龙舒的劝诫，而是以"折情"为接受的底线。既然不愿脱离尘世，在享受人间温情的同时，也难免为情所累，所以李贺感叹"天若有情天亦老"。理想的做法，莫过于各退一步，不沉湎于情，也不汲汲于空，"折情"或许刚刚好。

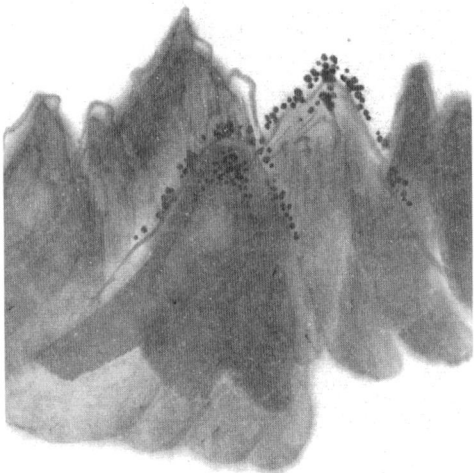

【原典】

张文定①公曰："谨言浑不畏，忍事又何妨？"

【注释】

①张文定：张齐贤（942～1014），字师亮，曹州冤句（今山东菏泽南）人，徙居洛阳，进士出身，先后担任通判、枢密院副使、兵部尚书、吏部尚书、分司西京洛阳太常卿等官职，还曾率领边军与契丹作战，颇有战绩。为相前后二十一年，对北宋初期政治、军事、外交各方面都做出了极大贡献。宋真宗大中祥符七年，卒，赠司徒，谥文定。《宋史》卷二百六十五有传。

【译文】

张文定公说："出言谨慎小心就无所畏惧，为此而忍受一些事情又有什么关系呢？"

【原典】

孔旻①曰："盛怒剧炎热，焚和徒自伤。触来勿与竞，事过心清凉。"

【注释】

①孔旻：字宁极，北宋人。睦州桐庐县尉孔询之曾孙，赠国子博士孔延滔之孙，尚书都官员外郎孔昭亮之子。自都官而上至孔子，四十五世。年六十七，终于家。

【译文】

孔旻说："极端愤怒就像烈火，烧掉了和气又伤害自己。别人的无理触犯不要与之争斗，事情过去以后心情自然平静。"

【原典】

山谷诗曰①："无人明此心，忍垢待濯盥②。"

【注释】

①山谷：黄庭坚（1045～1105），字鲁直，自号山谷道人，晚号涪翁，又称豫章黄先生，洪州分宁（今江西修水）人。英宗治平四年（1067）进士，北宋著名的诗人、词人、书法家。历官叶县尉、北京国子监教授、校书郎、著作佐郎、秘书丞、涪州别驾、黔州安置等。哲宗立，召为校书郎、《神宗实录》检讨官。后擢起居舍人。绍圣初，新党谓其修史"多诬"，贬涪州别驾，安置黔州等地。徽宗初，羁管宜州，死于宜州贬所。《宋史》卷四百四十四有传。②"无人"二句：此诗出《见子瞻粲字韵诗和答三人四返不困而愈崛奇辄次韵寄彭门三首》。

【译文】

黄庭坚有诗说："没有人知道我的心思，忍垢受辱要靠修养清洗。"

【原典】

东莱吕先生①诗云："忍穷有味知诗进，处事无心觉累轻②。"

【注释】

①东莱吕先生：吕本中（1084～1145），原名大中，字居仁，世称东莱先生，寿州（今安徽寿县）人，江西诗派著名诗人。初授承务郎。徽宗宣和六年，为枢密院编修官。后迁职方员外郎。高宗绍兴六年，召赐进士出身，历官中书舍人、权直学士院。因忤秦桧罢官。提举太平观，卒。学者称为东莱先生，赐谥文清。《宋史》卷三百七十六有传。②"忍穷"二句：此诗出自吕本中《试院中呈工曹惠子泽教授张彦实》。

【译文】

东莱吕祖谦先生的诗说："忍耐贫困很有味道，可以有益于诗歌创作；处理事情不太计较，就觉得心里轻松很多。"

【原典】

陆放翁①诗云："忿欲至前能小忍，人人券内有期颐②。"

【注释】

①陆放翁：陆游（1125～1210），字务观，号放翁。越州山阴（今浙江绍兴）人。南宋著名诗人。高宗时应礼部试，为秦桧所黜。孝宗时赐进士出身。中年入蜀，投身军旅生活，官至宝章阁待制。晚年退居家乡，但收复中原信念始终不渝。创作诗歌很多，今存九千多首，内容极为丰富。《宋史》卷三百九十五有传。此诗出《道室杂咏》之二。②券内：分内，指命运之中。期颐：指百岁以上的老人，也称为人瑞。《礼记·曲记上》："百年曰期颐。"

【译文】

陆游的诗说："如果在愤怒与欲望产生前稍稍地忍耐一下的话，那么每个人分内都能长命百岁。"

【原典】

又曰："殴攘虽快心，少忍理则长①。"

【注释】

①"殴攘"二句：此文出陆游《疾小愈纵笔作短章》。殴攘：殴击攘除。快心：心情愉快。

【译文】

陆游又说："挥拳相向虽然当时很痛快，但是会留下后患；如果能够稍微隐忍的话，自己就更有理了。"

【原典】

又曰："小忍便无事，力行方有功①。"

【注释】

①"小忍"二句：此文出自陆游《自规》诗，原文为："此心少忍便无事，吾道力行方有功。"

【译文】

陆游又说："凡事只要稍微隐忍退让就会小事化了，但是这个道理却是非得亲身践行才见成效。"

【原典】

省心子①曰："诚无悔，恕无怨，和②无仇，忍无辱。"

【注释】

①省心子：李邦献，字士举，怀州（今河南沁阳）人。南宋高宗绍兴三年（1133）为夔州路安抚司干办公事，四年（1134）通判长宁军，二十六年（1156）知抚州，迁荆湖南路转运判官，两浙、江西转

运副使，孝宗乾道二年（1166）夔州路提点刑狱，六年（1170）兴元路提点刑狱。官至直敷文阁。著有《省心杂言》，《永乐大典》具载此书，共二百余条。此文当出于此书。②和：和气，谦和。

【译文】

省心子说："诚实就不会后悔，宽容就不会招怨，和气就不会结仇，忍让就不会受侮辱。"

【原典】

释迦佛①初在山中修行，时国王出猎，问兽所在。若实告之则害兽，不实告之则妄语②，沉吟未对。国王怒，斫③去一臂。又问，亦沉吟，又斫去一臂。乃发愿④云："我作佛时，先度此人，不使天下人效彼为恶。"存心如此，安得不为佛？后出世果成佛，先度侨陈如⑤者，乃当时国王也。

【注释】

①释迦佛：释迦牟尼佛，原名乔达摩·悉达多，古印度释迦族人，生于尼泊尔南部，佛教创始人。成佛后的释迦牟尼，被尊称为"佛陀"，意思是"大彻大悟的人"；民间信仰佛教的人也常称呼佛祖、如来佛祖。农历的四月初八，是佛祖释迦牟尼的诞辰日。②妄语：虚妄不实的话。③斫：砍。④发愿：发起誓愿。⑤侨陈如：阿若侨陈如尊者，佛教最初五比丘之一，为第一位证得罗汉果的阿罗汉，排在"五百罗汉"首位。

【译文】

当初释迦牟尼佛在山中修行的时候，碰上国王外出打猎。国王问他哪里有野兽。如果如实相告的话，就会害了野兽；如果不说实话就是撒谎，所以他就沉默着没有回答。国王很生气，就砍掉了他的一条胳膊。又问他，还是沉默无言，国王又砍掉了他另一条胳膊。释迦牟尼佛就发下誓愿："将来我如果得道成佛，就一定要先感化此人，不让天下的人来跟他学做坏事。"他既然有如此的善心宏愿，怎么能不成佛呢！后来释迦出世成佛，最先超度的憍陈如，就是当时的国王。

【原典】

佛曰："我得无诤三昧^①，人中最为第一。"

【注释】

①无诤三昧：三思而行的处事方法。《金刚经》："世尊！佛说我得无诤三昧，人中最为第一，是第一离欲阿罗汉。"

【译文】

释迦牟尼佛说："我得到了'无诤'的真谛，可以说这是人世间最重要的。"

【原典】

又曰："六度万行^①，忍为第一。"

【注释】

①六度：布施、持戒、忍辱、精进、禅定、智慧。亦称"六波罗蜜"。

【译文】

释迦牟尼佛又说："六种法门、天教行为中，忍让是最重要的。"

【原典】

又曰：忍辱波罗蜜。

【译文】

又说：忍辱是修行法门。

【原典】

《涅槃经》^①云：昔有一人，赞佛为大福德^②，相闻者，乃大怒，曰："生才七日，母便命终，何者为大福德？"相赞者曰："年志俱盛而不卒^③，暴打而不嗔，骂亦不报，非大福德相乎？"怒者心服。

【注释】

①《涅槃经》：又称《大本涅槃经》《大涅架经》。北凉昙无谶译。四十卷，十三品。经中说佛身常住不灭，涅槃常乐我净；宣称"一切众生悉有佛性"一阐提和声闻、辟支佛均得成佛等大乘思想。为大乘佛教前期作品，约于2～3世纪时成书。②福德：佛教术语。指一切之善行，或指善行所得之福利。③卒：同"猝"，急躁。

【译文】

《涅槃经》记载：过去有一人，称赞佛是大福德之人。听到这句话的人很愤怒，说："佛的母亲生下佛，七天便去世了，怎么能说是大福德呢？"赞佛的人回答说："佛的年龄与思想都处在鼎盛的时候却不急躁，挨了人家的打却不发怒，人家骂他也不生气，这难道不叫大福德吗？"愤怒的人心服了。

【原典】

《人趣经》^①云："为人端正，颜色洁白，姿容第一，从忍辱中来。"

【注释】

①《人趣经》：不详。

【译文】

《人趣经》说："做人品行端正，身体干净洁白，姿容美好无匹，这些都要从忍让中才能得到。"

【原典】

《朝天忏》^①曰："为人富贵昌炽者,从忍辱中来。"

【注释】

①《朝天忏》:不详。

【译文】

《朝天忏》说:"那些富贵昌盛的人,都有过忍受屈辱的经历。"

【原典】

紫虚元君^①曰："饶、饶、饶,万祸千灾一旦消;忍、忍、忍,债主冤家从此尽。"

【注释】

①紫虚元君:魏华存,字贤安,晋代女道士,上清派所尊第一代太师,中国道教四大女神之一。道士称她紫虚元君、南岳魏夫人。山东任城人。晋司徒魏舒之女。

【译文】

紫虚元君说:"饶恕、饶恕、饶恕,万祸千灾就会马上消失;忍耐、忍耐、忍耐,从此就没有债主和冤家了。"

【原典】

赤松子^①诫曰："忍则无辱。"

【注释】

①赤松子:又名赤诵子,号左圣、南极南岳真人、左仙太虚真人,秦汉传说中的上古仙人。相传为神农时雨师。流传有赤松子命名的《中诫经》,本文或出此。

【译文】

赤松子告诫说:"忍让就不会受到侮辱。"

【原典】

许真君①诫曰："忍难忍事，顺自强人。"

【注释】

①许真君：许逊，字敬之，南昌（今属江西）人，晋代道士。传说他曾镇蚊斩蛇，为民除害，道法高妙，声闻遐迩，时求为弟子者甚多，被尊为净明教教祖。

【译文】

许真君说过："忍受难以容忍的事，顺从自然就比他人强。"

【原典】

孙真人①曰："忍则百恶自灭，省则祸不及身。"

【注释】

①孙真人：生平事迹不详。

【译文】

孙真人说："忍耐能使灾祸自己消灭，反省能让祸事自动远离。"

【原典】

超然居士①曰："逆境当顺受。"

【注释】

①超然居士：生平事迹不详。

【译文】

超然居士说："人处在困境的时候，应当尽力忍受，就如同平时一样。"

【原典】

谚曰："忍事敌灾星。"

【译文】

谚语说："忍让可以对付灾难。"

【原典】

谚曰："凡事得忍且忍，饶人不是痴汉，痴汉不会饶人。"

【译文】

谚语说："凡事应当忍让的时候就要忍让，善于忍让的人不是愚笨的人，愚笨的人是不懂忍让的。"

【原典】

谚曰："得忍且忍，得诫且诫。不忍不诫，小事成大。"

【译文】

谚语说："应当忍让的时候就要忍让，应当克制的时候就克制。不忍耐不克制，小事也会变成大事。"

【原典】

谚曰："不哑不聋，不做大家翁。"

【译文】

谚语说："不能装聋作哑的人，成不了大家庭的主人。"

【原典】

谚曰:"刀疮易受,恶语难消。"

【译文】

谚语说:"被刀砍伤了还容易忍受,但是恶语伤人则很难消解。"

【原典】

少陵①诗曰:"忍过事堪喜。"此皆切于事理,为世大法,非空言也。

【注释】

①少陵:"少陵野老"为杜甫自号,实则所引诗句为杜牧作品。杜牧(803~约852),字牧之,号樊川居士,京兆万年(今陕西西安)人,晚唐著名诗人。人称"小杜",以别于杜甫;与李商隐并称"小李杜"。因晚年居长安南樊川别墅,故后世称"杜樊川",著有《樊川文集》。此诗出自《遣兴》。

【译文】

杜牧《遣兴》诗说:"如果能够忍受不堪忍受的外来的灾难委屈的话,那么就会心境平和,并心生喜悦。"这是很符合世态人情的道理,人们将此作为行为的大准则,绝不是空话。

【原典】

《莫争打》①诗曰:"时闲忿怒便行拳,招引官方在眼前。下狱戴枷遭责罚,更须枉费几文钱。"

【注释】

①《莫争打》诗:此文出自南宋何耕《论俗诗四首》其四。

【译文】

《莫争打》诗说："闲暇的时候一生气便抡拳打架，立刻就会招引官府来管制。关进监狱戴上手铐接受惩罚，还要冤枉花费不少金钱。"

【原典】

《误触人脚》诗云："触了行人脚后跟，告言得罪我当烹。此方引慝①丘山重，彼却原情②羽发轻。"

【注释】

①引慝（tè）：引咎自责。②原情：原谅。

【译文】

《误触人脚》诗说："碰了走路人的脚后跟，应当告诉人家是自己冒犯了，并说自己罪该万死。你这一方将罪过说得重大如山，他那一方一定会不予计较，视你的错误为轻如鸿毛。"

【原典】

《莫应对》诗云："人来骂我逞无明，我若还他便斗争。听似不闻休应对，一支莲在火中生。"

【译文】

《莫应对》诗说："别人莫名其妙地冲过来骂我，我若是回骂必然会导致吵嘴打架。不如装没有听见也不去回嘴，心中自然顿觉清凉，有如一朵吉祥的莲花渐生于烈火中。"

【原典】

杜牧之①《题乌江庙诗》："胜负兵家不可期，包羞忍辱是男儿。江东子弟多豪杰，卷土重来未可知。"

【注释】

①杜牧之：杜牧（803～约852），字牧之，号樊川居士，京兆万年（今陕西西安）人，唐代著名诗人，与李商隐并称"小李杜"。晚年居长安南樊川别墅，故后世称"杜樊川"。

【译文】

杜牧《题乌江庙》诗称："兵家打仗胜负难以预料，暂时蒙羞忍辱才是真正的男子汉。江东的子弟中有很多豪杰，卷士重来东山再起也说不定。"

【原典】

《诫断指诗》曰："冤屈休断指①，断了终身耻。忍耐一些时，过后思之喜②。"

【注释】

①断指：指自残以泄愤。②思之喜：回想当初隐忍克制的做法觉得庆幸。

【译文】

《诫断指诗》称："受了冤屈千万不要气愤冲动斩断手指，手指断了一生都是耻辱。忍耐一段时间，事情过去以后想起来就会高兴了。"

【原典】

何提刑①《戒争地诗》："他侵我界是无良，我与他争未是长。布施与他三尺地，休夸谁弱又谁强。"

【注释】

①何提刑：何耕（1127～1183），宋汉州绵竹人，占籍德阳，字道夫，号怡庵。高宗绍兴十七（1147）年四川类试第一。累擢嘉州守，有惠政，与何逢原、孙松寿、宋诲号"四循良"。孝宗淳熙中历户部郎

中、国子祭酒，出知潼川府。《戒争地》诗出何耕《论俗诗四首》其三。提刑：官名。提点刑狱公事简称，或称提点刑狱。宋置于各路，主管所属各州司法、刑狱、监察地方官吏并劝课农桑。

【译文】

何提刑作了一首《戒争地诗》说："他人侵占了我的地界是不对的，但我因此与他争斗也是不对的。不如就施舍给他三尺地盘，也不要去比较谁弱谁强了。"

【原典】

尚书杨玢^①致仕归长安，旧居多为邻里侵占，子弟欲诣府诉其事，杨玢批状尾云："四邻侵我我从伊^②，毕竟思量未有时。试上含元殿^③基看，秋风秋草正离离。"子弟不敢复言。

【注释】

①杨玢（bīn）：生卒年不详。字靖夫，虢州弘

农（今河南灵宝）人。杨虞卿曾孙。仕前蜀王建，依附宰相张格，累官礼部尚书。光天元年（918），后主嗣位，格贬茂州，玢亦坐谪荣经尉。乾德中，迁太常少卿。咸康元年（925），进吏部尚书。前蜀亡，随王衍归后唐，任给事中，充集贤殿学士。后以老授工部尚书致仕，归长安旧居。致仕：古代官员年老之后辞职归家。②伊：他。③含元殿：唐代大明宫的正殿，也是长安城的标志性建筑。建成于高宗龙朔三年（663），僖宗光启二年（886）毁于战火，未毁时逢元旦、冬至，皇帝大多在这里举行朝贺活动。

【译文】

尚书杨玢辞职回到长安，老家的房子被邻居们侵占了很多，杨家的子弟们打算将事情上报官府来处理。杨玢提笔在状纸的最后写道："四方的邻居们侵占我的地产，我就让他们侵占好了，因为自己想想，人生在世的时间实在是太过有限。如果你们不相信的话，不妨到大明宫的含元殿的残基上面去看看，那里正秋风萧瑟，长满了茂盛的秋草呢。"弟子们不敢再说。

【评析】

人在做某件事情之前，都会有明确目的，这个目的就是行动的价值。为什么我们要接受"忍"的理论？因为它有如下的好处：可以避免冲突，远离侮辱："忍则无辱"，"焚和徒自伤"，"忍、忍、忍，债主冤家从此尽"，"忍则百恶自灭"，"忍事敌灾星"；可以富贵发达，家庭幸福："人为端正，颜色洁白，姿容第一，从忍辱中来"，"为人富贵昌炽者，从忍辱中来"；可以事业发达，成王成佛："不聋不哑，不做大家翁"，"存心如此，安得不为佛"，"佛，非大福德相乎？"尽管"忍"的好处多多，但要做到"忍"却也颇不易，因为人们很难拒绝快意当前的诱惑，而忍恰恰是建立在对意气的压制上。顺着情绪的发展去做，当然会是心情舒畅的，而且鼓励人们这样去做的说法也很多，比如"性情中人""书生意气""快意恩仇"等。即便如周幽王"烽火戏诸侯"，唐明皇"从此君王不早朝"，吴三桂"冲冠一怒为红颜"等，实则是因为没有忍住诱惑而招致了恶果，却被后人解读成为爱痴狂的爱情佳话。忍之难为，由此可见一斑。"听似不闻休应对，一支莲在火中生"。正如俗话所说的"种瓜得瓜，种豆得豆"，投入与产出永远是成正比的。忍的诸般利好，某种程度上也正是因为忍的难为。所以能够做到"忍"，确是需要莫大的勇气，以及极大的智慧。吴亮说："忍乃胸中博宏之器局，为仁者事也。"古谚说："饶人不是痴汉，痴汉不会饶人。"说的都是这样的意思。正如《周易》说："易则易知，简则易从。易知则有亲，易从则有功。"真正的道，其实都是简单易行的，大家每天生活其中却不自觉，并非是藏之深山秘不示人的偏方。"忍"，不过就是要求我们"忿欲至前能小忍""听似不闻休应对""处事无心觉累轻"罢了。聪明的人，不过是能够将这些真理付诸实践，愿意一步一步走过去，"人能忍事，易以习熟"，最后成功了。

《忍经》跋

【原典】

光绪戊子夏五，得此于上海郁泰①丰家，谨案②：《四库全书总目》③：《忍经》一卷，元吴亮撰。亮字明卿，钱塘人④。前有冯寅⑤序，称吴君精于经术吏事，至元癸巳解海运元⑥幕之任，雅淡⑦自居。于纂述历代帝王世系⑧之暇，思其平生行己，惟一"忍"字。会集⑨群书中格言大训，以为一编云云。

当时馆臣录自《永乐大典》⑩中，未尝见刻本也。此卷前虽缺冯寅一序，而后有明正统二十四年郑季文⑪重整字迹，其为明卿初刻无疑。又有陆廷灿⑫印，陆字扶照，嘉定⑬人，康熙间官福建崇安⑭知县，尝著《艺菊谱》⑮。是书为吾乡先达遗著，元刻明题，又经国初名人收藏，岂不重可宝哉！乙未夏五丁丙⑯识于求己轩。

近见明耐庵居士沈节甫⑰汇刻《由醇录》中列《忍经》一卷，有明卿自序而冯序仍缺。节甫更辑《忍书续编》三卷附其后。又得《劝百忍箴考注》四卷，乃四明梓碧山人许名奎⑱所著，上竺前堂芳林释觉澄⑲考注，惜缺第一卷，无从考许氏始末。上竺前堂，知为三竺⑳之一，又与吾杭有系耳。记此俟考，丙再笔。

【注释】

①郁泰丰：名松年，字万枝，号泰丰。家资巨万，而自奉节俭，乐善好施。少年入库，道光年间为贡生，嗜好图书收藏，斥巨资建藏书楼，收入古籍善本数十万册，并选其中宋元善本亲自校正，编纂了《宜稼堂丛书》六种六十四册，名噪一时。②谨案：谨慎查考。引用论据、史实开端的常用语。③《四库全书总目》：清代纪昀等四库全书的馆臣们，对誊录入库的3400余种图书和抄存卷目的6700余种图书全部写出提要，它为我国古代最大的官修图书目录。④钱塘：杭州城的古称谓。⑤冯寅：生平事迹不详。⑥海运元：生平事迹不详。⑦雅淡：高雅恬静。亦作"雅澹"。⑧世系：指一姓世代相承的系统，由男性子孙排队列而成，也是家族世代相传的系统。也叫"世次""世统""世系表"。⑨会集：聚集，集合。东汉赵岐《孟子题辞》："七十子之畴，会集夫子所言，以为《论语》。"⑩《永乐大典》：编撰于明永乐年间，初名《文献大成》，是中国的百科全书式的文献集，全书目录60卷，正文22877卷，装成11095册，约3.7亿字，这一古代文化宝库汇集了古今图书七八千种。《永乐大典》惨遭浩劫，大多亡于战火，中国境内今存不到800卷。⑪明正统二十四年："二十四"疑应为"十四"。"正统"为明英宗年号，其第一次在位仅十四年。但英宗复辟后改元"天顺"，民间或仍有人沿用此"正统"年号纪年。郑季文：生平事迹不详。⑫陆廷灿：字扶照，一字幔亭，江苏嘉定（今上海市嘉定区）人。以诸生贡例选宿松教谕，迁崇安知县。撰有《续茶经》三卷、《艺菊志》八卷、《南村随笔》六卷，并重新修订了《嘉定四先生集》《陶庵集》。⑬嘉定：今上海市嘉定区，位于上海西北部。⑭崇安：治所在今福建省武夷山市。⑮《艺菊谱》：当为《艺菊志》。《四库总目提要》云："《艺菊志》八卷（浙江鲍士恭家藏本），国朝陆廷灿撰。廷灿有《续茶经》，已著录。廷灿居南朔镇，在槎溪之上，艺菊数

亩，王翚为绘《艺菊图》，一时多为题咏。廷灿因广征菊事，以作此志。凡分六类，曰考，曰谱，曰法，曰文，曰诗，曰词，而以艺菊图题词附之。"⑯丁丙（1832～1899）：字嘉鱼，号松生，晚年号松存，清代钱塘（今浙江杭州）人。家世经营布业，富于资财。自幼好学，一生淡于名利终身不仕。家多藏书，著述颇富，工画，精写人物、走兽、山水、仕女、花卉。事亲以孝闻。卒年六十八。⑰沈节甫（1532～1601）：字以安，号锦宇，吴兴人。明嘉靖三十八年（1559）进士，授礼部仪制主事，历祠祭郎中、南大理卿、南京刑部右侍郎、工部左侍郎等，卒赠督察院右都御史。沈节甫无它嗜，唯独爱书藏书，建"玩易楼"藏书，编有大型丛书《纪录汇编》。《由醇录》：明代沈节甫编辑的丛书，共收宋元明著作十二种三十三卷。⑱许名奎：元代人，生平事迹不详。⑲释觉澄：生平事迹不详。⑳三竺：浙江杭州灵隐山来峰东南的天竺山，有上天竺、中天竺、下天竺三座寺院，合称"三天竺"，简称"三竺"。

【译文】

光绪戊子（1888）夏五月，我在上海郁泰丰家中得到了此书，谨慎查考如下：

《四库全书总目提要》：《忍经》一卷，元人吴亮著。吴亮，字明卿，钱塘人。书前有冯寅所作的序文，文中称吴亮精于经学和吏事，曾在元人海运元幕中任职，元癸巳时解职而去。他为人高雅恬静，在纂述历代帝王世系的时候，想到这些人的生平行事，只有一个忍字。于是搜集各类书籍中的相关内容，编辑成一本书，也就是这部《忍经》。

《四库全书》的编撰者是从《永乐大典》中抄录了此书，并没有见到刻本。我手头的这个版本虽然缺了冯寅的序文，可是后面有明代正统十四年（1449）郑季文重新整理的字迹，所以此书是吴亮《忍经》的初版，这应该是没有疑问的。书中还有陆廷灿的印章。陆廷灿，字扶照，浙江嘉定人，康熙年间在福建崇安县任县令，曾经写过一部《艺菊谱》。这部书是我们杭州先达的遗著，在元代初刻，有明代的题签，而且还被清初名人收藏过，难道不是异常的珍贵吗？乙未（1895）夏五月丁丙识于求己轩。

最近看到明代耐庵居士沈节甫汇刻的《由醇录》中列有《忍经》一卷，书中有吴亮的自序，但冯寅的序文仍然缺失。沈节甫还另外编辑了一部《忍经续编》，该书共三卷，附录在吴亮原书的后面。我又购得了《劝百忍箴考注》四卷，该书是四明梓碧山人许名奎所著，上竺前堂芳林释觉澄考注，可惜缺失了第一卷，所以无从考察许名奎的生平始末。上竺前堂，我知道是"三竺"之一，所以又与我们杭州有关系了。先记录在此，等以后考实。丁丙再笔。